DAS RÄTSEL VON PIERRE DE FERMAT

Eine der größten Freuden in der Mathematik ist die Weitergabe von Wissen, egal, ob Sie Lehrer, Autor oder Berichterstatter sind … Meine Familie war mir jederzeit ein geneigtes Publikum und hat mich oft glücklich gemacht. Für meine Eltern, Eugeni und Ursula. Für meine Brüder und Schwestern, Deborah, Daniel, Iolanda, Alejandro, Sonia, Patricia, Verónica, Clàudia, Cristina, Silvya und Eugeni. Für meine Frau, Maria Isabel. Und für meine Töchter, Laura Elisabeth und Eulàlia Elisenda.

DAS RÄTSEL VON PIERRE DE FERMAT

AUF DER SUCHE NACH DEM BEWEIS VON FERMATS LETZTEM SATZ

ALBERT VIOLANT I HOLZ

Librero

Die Originalausgabe erschien 2010 unter dem Titel:
El enigma de Fermat

Postbus 72, 5330 AB Kerkdriel, Niederlande

Bildnachweis Innenseiten: Age-Fotostock: 13, 16, 86; Album: 57; Album-akg: 55, 62, 66; Album Oronoz: 85; Archiv der Berlin-Brandenburgischen Akademie der Wissenschaften: 119; Archives de l'Académie des sciences: 108; Archives RBA: 12, 20, 48, 49, 51, 52, 54, 56, 58, 59, 67, 68, 69, 74, 77, 78, 80, 82, 84, 95, 97, 99, 104, 105, 107, 115, 120, 127, 133, 137; C. J. Mozzochi, Princeton University, New Jersey: 132, 134; Corbis: 106; GFDL Nicolas Guerin: 46; Institut Abel: 126; National Portrait Gallery, Londres: 100; Union mathématique internationale: 121 a und b; Université de Hambourg: 112; Université de Princeton, New Jersey: 139

Bildnachweis Umschlag:
Formeln © iStockphoto.com/Suljo
mathematische Figuren © iStockphoto.com/mustafahacalaki

Produktion der deutschsprachigen Ausgabe:
Tanja Timmerman vertaling & redactie
Übersetzung: Judith Muhr
Fachberatung: Dipl.-Math. Evelyn Lerche, Universität Kassel
Satz: Elixyz Desk Top Publishing

Printed in Slovenia

ISBN: 978-90-8998-719-8

Inhalt

Vorwort

Wenn jemand zum ersten Mal von dem berühmten letzten Satz von Fermat hört, lautet seine Reaktion im Allgemeinen: „Warum dieser ganze Aufwand?" Die Aussage ist so einfach, dass man für einen Moment vergisst, dass dies eines der kompliziertesten Probleme in der Geschichte ist. Man ist versucht, ein Blatt Papier zu nehmen und es mit ein paar Zahlen auszuprobieren. Ein Mann, der auch in diese Falle getappt ist, war Andrew Wiles, ein junger Brite, der schon im Alter von nur zehn Jahren von dem Satz fasziniert war, ebenso wie von der Geschichte, die ihn umgab. Nach unermüdlichen Versuchen blieb dem Jungen, der nur mit der Arithmetik aus der Schule ausgerüstet war, keine andere Möglichkeit als aufzugeben. Im Gegensatz zu vielen anderen ließ er jedoch nicht locker. Er wurde zu einem angesehenen Mathematiker, und das Problem beschäftigte ihn sein ganzes Arbeitsleben lang. Der heldenhafte Kampf dieses Mannes, eines Genies, der sich wie besessen der Lösung eines einzigen großartigen Problems widmete, ist nur ein Teil dieser schönen und komplizierten Geschichte des letzten Satzes von Fermat, der sowohl den Anfang als auch das Ende dieses Buchs darstellt.

Das erste Kapitel führt uns zurück ins Jahr 1993, in dem Wiles die ganze Welt mit der Ankündigung eines Beweises für den letzten Satz überraschte. Das berühmteste Problem in der Geschichte der Mathematik war schließlich gelöst, und die Journalisten auf der ganzen Welt berichteten von dieser erstaunlichen Entdeckung. Leider fanden kurz danach mehrere Experten zahlreiche Fehler in dem Beweis, die jedoch scheinbar schnell zu lösen waren. Die Monate vergingen und Wiles verhielt sich unter den aufmerksamen Augen der mathematischen Welt ruhig. War alles nur eine schöne Illusion gewesen? Hatte der Satz einen weiteren Versuch abgewehrt, sein Mysterium zu entzaubern, wie schon in den vergangenen drei Jahrhunderten?

Im zweiten Kapitel verlassen wir Wiles einen Moment lang, um mehr als 3.000 Jahre in die Vergangenheit zu reisen und mehr über die faszinierende Mathematik der Sumerer und der Inder zu erfahren. Die Vermutung von Fermat ist eng mit einem noch berühmteren Teil der Mathematik verwandt, dem Satz des Pythagoras, einem der Schlüsselergebnisse in der Geometrie, der im Allgemeinen dem griechischen Mathematiker zugeschrieben wird, der jedoch bereits viele Jahrhunderte früher in anderen mathematischen Traditionen im Nahen Osten und in Asien bekannt war.

Das vierte Kapitel enthält eine kurze Biografie unseres Hauptprotagonisten, Pierre de Fermat. Von Beruf Rechtsanwalt, und leidenschaftlicher Mathematiker. Zu der Zeit Fermats gab es keine wissenschaftlichen Veröffentlichungen. Entdeckungen in der Mathematik wurden von Einzelpersonen gemacht und über ein engmaschiges Netzwerk briefeschreibender Denker mit den gleichen Zielen verbreitet, bestehend aus Fermat, Blaise Pascal, René Descartes und den Bernoulli-Brüdern. Nachdem wir den Satz in diesen spannenden geschichtlichen Kontext gesetzt haben, beschäftigt sich das vierte Kapitel mit der Entstehung des letzten Satzes, nachdem Fermat *Arithmetica* von Diophant gelesen hatte. Außerdem geht es um die verschiedenen Versuche, das Problem in den darauffolgenden drei Jahrhunderten zu lösen, bis schließlich Wiles auf der Bildfläche erscheint. Und genau diese illustre Geschichte berühmter Namen, von Gauß, dem „Prinz der Mathematik", bis Sophie Germain, der genialen Frau, die sich selbst als Mann ausgeben musste, von Leonard Euler bis Évariste Galois, von Ernst Kummer bis Yukio Taniyama und Goyo Shimura, ist es, die uns in das Nachkriegs-Tokio führt.

Im fünften und sechsten Kapitel finden Sie eine genaue Beschreibung der verschiedenen Episoden der Alleinbesteigung des höchsten Gipfels der Mathematik, des letzten Satzes. Dieser Prozess sollte Tausende Jahre Geschichte und Entwicklung innerhalb dieser Disziplin zusammenführen.

Die Freude an der Mathematik ist eng damit verknüpft, wie viel Wissen man darüber besitzt. Die ästhetische Belohnung, die sich aus dem Verständnis eines mathematischen Wunders ergibt, bedingt vorab einen gewissen Aufwand, der jedoch das Ergebnis nur noch kostbarer macht. Nachdem wir schließlich am Gipfel angekommen sind, ist der Ausblick auf die mathematische Landschaft vergleichbar mit der schönsten Sonate, der aufregendsten Natur, der ekstatischsten Freude. Der Autor hofft, dass der Leser nach der Lektüre dieses Buches viele außerordentlich schöne mathematische Szenarien entdeckt und genießt. Einige sind ganz einfach zu verstehen, andere etwas komplizierter, aber alles wurde mit dem Ziel geschrieben, Wissen verständlich zu vermitteln. Kompliziertere Themen finden Sie in den im Literaturverzeichnis empfohlenen Werken. Dieses Buch wurde in der Absicht geschrieben, dass jedermann das Abenteuer nachvollziehen kann, wie über 375 Jahre lang versucht wurde, das Rätsel von Fermat offenzulegen – ein Abenteuer für Mathematiker und die Menschheit im Allgemeinen.

Kapitel 1

Licht im Herrenhaus der Mathematik

In einer Ausgabe der Wissenschaftssendung NOVA von 1997 wurde Wiles gefragt, wie er die sieben Jahre intensiver, um nicht zu sagen besessener Forschung beschreiben würde, die ihn zum Beweis des letzten Satzes von Fermat geführt haben, dem berühmtesten Rätsel in der Geschichte der Mathematik. Wiles antwortete:

> „Man betritt den ersten Raum eines Herrenhauses, und es ist dunkel. Komplett dunkel. Man stolpert herum, stößt sich an den Möbeln, aber irgendwann weiß man, wo die Dinge stehen. Nach ungefähr sechs Monaten findet man den Lichtschalter, und plötzlich ist alles hell erleuchtet. Endlich sieht man genau, wo man sich befindet. Anschließend geht man in den nächsten Raum und verbringt weitere sechs Monate in der Dunkelheit."[1]

Die „Dunkelheit", von der der britische Mathematiker spricht, war dieselbe Dunkelheit, die schon unzählige Mathematiker vor ihm verwirrt hatte, und die sie schließlich aufgeben ließ – 350 Jahre lang. Die zu einem nicht genau bestimmten Zeitpunkt in den 1630er-Jahren formulierte Vermutung des Franzosen Pierre de Fermat (1601-1665) lautete wie folgt:

Wenn n eine ganze Zahl größer 2 ist, dann gibt es keine ganzen Zahlen x, y und z ungleich 0, die die folgende Gleichung erfüllen:

$$x^n + y^n = z^n.$$

Die Existenz der Vermutung war allerdings nicht öffentlich bekannt, bis Samuel, der Sohn Fermats, sie in Form einer handschriftlichen Notiz in der Randspalte einer lateinischen Ausgabe der *Arithmetica* von Diophant fand. Dies ist nicht so außergewöhnlich,

1 Die Zitate von Wiles in diesem Buch stammen, falls nicht anders angegeben, aus dem Transkript der genannten Sendung (*Proof*, eine Sendung von NOVA vom 28.Oktober 1997, gesendet vom Public Broadcasting System, PBS).

wie es den Anschein haben mag, wenn man berücksichtigt, dass Fermat einen Großteil seiner Zeit für seinen Beruf aufwenden musste (er war Rechtsanwalt), und sich nur in seiner Freizeit auf die Mathematik konzentrieren konnte.

Die Notiz sowie die Darstellung der Vermutung (in einer etwas anderen Formulierung als auf der vorigen Seite gezeigt) enthielt einen Satz mit einem Versprechen, wie er von niemandem anderen in der Geschichte der Mathematik hätte stammen können: „Ich habe einen wirklich wunderbaren Beweis [für die Vermutung] gefunden, aber diese Randspalte ist zu schmal, um ihn hier zeigen zu können.“ So mancher hätte sich gewünscht, dem guten Anwalt ein Blatt Papier bereitstellen zu dürfen! Trotz stärkster Bemühungen konnte Samuel keine anderen Dokumente in den Unterlagen seines Vaters finden, die die versprochene Lösung enthalten hätten, außer einer Demonstration für den Fall $n = 4$. Der „wirklich wunderbare Beweis“ des französischen Genies war für immer verloren.

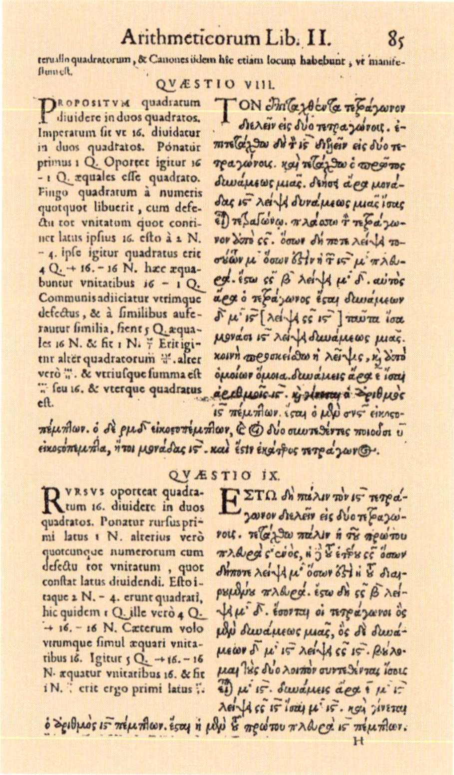
Arithmeticorum Lib. II. 85

teruallo quadratorum, & Canones iidem hic etiam locum habebunt, vt manifestum est.

QVÆSTIO VIII.

PROPOSITVM quadratum diuidere in duos quadratos. Imperatum sit vt 16. diuidatur in duos quadratos. Ponatur primus 1 Q. Oportet igitur 16 - 1 Q. æquales esse quadrato. Fingo quadratum à numeris quotquot libuerit, cum defectu tot vnitatum quot continet latus ipsius 16. esto à 2 N. - 4. ipse igitur quadratus erit 4 Q. + 16. - 16 N. hæc æquabuntur vnitatibus 16 - 1 Q. Communis adiiciatur vtrimque defectus, & à similibus auferantur similia, fient 5 Q. æquales 16 N. & fit 1 N. $\frac{16}{5}$ Erit igitur alter quadratorum $\frac{256}{25}$. alter verò $\frac{144}{25}$. & vtriusque summa est $\frac{400}{25}$ seu 16. & vterque quadratus est.

QVÆSTIO IX.

RVRSVS oporteat quadratum 16. diuidere in duos quadratos. Ponatur rursus primi latus 1 N. alterius verò quotcunque numerorum cum defectu tot vnitatum, quot constat latus diuidendi. Esto itaque 2 N. - 4. erunt quadrati, hic quidem 1 Q. ille verò 4 Q. + 16. - 16 N. Cæterum volo vtrumque simul æquari vnitatibus 16. Igitur 5 Q. + 16. - 16 N. æquatur vnitatibus 16. & fit 1 N. $\frac{8}{5}$ erit ergo primi latus $\frac{8}{5}$.

H

Seite 85 der Arithmetica-*Ausgabe von Diophant, übersetzt von Bachet de Méziriac. Die Seite zeigt Problem Nr. 8 des zweiten Buchs, dessen Randspalte Fermat nicht ausreichte, seinen „wunderbaren Beweis“ unterzubringen.*

An dieser Stelle der Geschichte des letzten Satzes kann man sich des Klischees kaum erwehren, dass die Wahrheit oft seltsamer anmutet als die Annahme. Hätte Fermat nur geahnt, wie viele Millionen Stunden Forschung und Abertausende Seiten wissenschaftlicher Magazine sich mit der Suche nach dem von ihm versprochenen Beweis beschäftigen würden, und dass mehr als 300 Jahre später seine in aller Unschuld formulierte Vermutung das bekannteste ungelöste Problem in der Geschichte der Mathematik darstellen würde! „Die Theorie, die nicht in die Randspalte passte“, wie sie manchmal auch genannt wird, hat unzählige Mathematiker fasziniert, ohne dass sie ihnen ihr Geheimnis offenbart hätte. Koryphäen wie Carl Friedrich Gauß, Leonhard Euler, Adrien-Marie Legendre, Ernst Kummer und eine lange

Liste anderer Mathematiker beschäftigten sich mit diesem Problem mit (wie wir annehmen) Sorgfalt und Vertrauen in ihre beachtlichen Kompetenzen, aber so sehr sie sich auch bemühten, sie konnten nur Teillösungen für Fälle mit $n = 3, 5$ und 7 finden. Und je weiter sie in dieses unersättliche Problem eintauchten, desto unergründlichere Tiefen taten sich auf, weit außerhalb der Reichweite der Algebra der Zahlentheorie. Das Problem war so kompliziert, dass in den ersten Jahrzehnten des letzten Jahrhunderts scheinbar alle Mathematiker aufgegeben hatten, eine Lösung zu finden, um es dann als Kuriosität der Geschichte einzuordnen. Trotz der Schwierigkeiten, die der letzte Satz aufwarf, oder vielleicht gerade wegen ihnen, verließ die Legende die kleine Welt der Mathematik und erlangte auch in der übrigen Gesellschaft einen enormen Bekanntheitsgrad.

Portrait von Pierre de Fermat von François de Poilly auf dem Umschlag des Buches Varia Opera Mathematica, *das der Sohn des Mathematikers zusammengestellt und 1679 veröffentlicht hatte.*

Einige unbeirrbare Genies, die immer noch den Ruf der Herausforderung hörten, die Fermat vor so vielen Jahren formuliert hatte, beschäftigen sich weiterhin Stunden um Stunden in besessener Arbeit damit, das dichte Netz der Beziehungen zu entwirren, die scheinbar stetig zunahmen und die den lang erwarteten Beweis in eine ferne und ungewisse Zukunft verschoben.

Jeder von ihnen stellte sich in den verschiedensten Phasen seiner selbstlosen Bemühungen, diesen wahren Mount Everest der Mathematik zu erklimmen (vielleicht nachdem er seitenweise Aufzeichnungen in den Papierkorb geworfen hatte, da er immer und immer wieder einen neuen fatalen Fehler darin gefunden hatte), ganz persönlich eine fürchterliche Frage: Könnte es sein, dass dies eine der Vermutungen in der Mathematik ist, deren „göttlicher Wahnsinn des menschlichen Geistes“, wie der Philosoph A. N. Whitehead es sagen würde, nur eine Lösung besitzt, die außerhalb der intellektuellen Kapazität des Menschen liegt? Mathematiker wie Barry Mazur, Ken Ribet, Gerhard Frey und Gerd Faltings weigerten sich, dies zu glauben. Einer der Bewohner des Herrenhauses, immer noch in tiefer Dunkelheit, der von dem verspielten Geist des französischen Rechtsanwalts und seines lange verlorenen „wunderbaren Beweises" heimgesucht wurde, war Andrew Wiles. Wiles war ein Mathematiker, den nur ein paar wenige Fachleute kannten und der noch weiter abtauchte, als er 1986 das Leben eines Einsiedlers auf sich nahm, um an einem supergeheimen Problem zu arbeiten.

Montag, Dienstag ...

Im Juni 1993 berief die Fakultät für Mathematik der Universität Cambridge unter der Leitung des Australiers John H. Coates eine internationale Konferenz zum sogenannten Iwasawa-Satz ein, einem Studienbereich innerhalb der Zahlentheorie in Bezug auf semi-elliptische Kurven. Das klingt eher abschreckend, ist aber in unserer Geschichte von größter Bedeutung. Unter den Vortragenden befand sich ein früherer Student von Coates, der mit diesem am Beweis eines speziellen Falls der berühmten Swinnerton-Dwyer-Vermutung gearbeitet hatte – das Clay Institute hatte eine Million Dollar für diesen Beweis ausgesetzt. Der Redner machte einen schüchternen Eindruck, war jedoch nichtsdestoweniger ein hervorragender Mathematiker, der Cambridge noch vor seinem Abschluss verlassen hatte, um an die prestigeträchtige US-amerikanische Universität Princeton zu wechseln. Lange Zeit – wahrscheinlich sieben Jahre – hatte niemand in Cambridge mehr von ihm gehört und es hatte den Anschein, die Erde habe ihn verschlungen. Zufällig stimmten diese sieben Jahre mit dem Zeitraum überein, der vergangen war, seit der Amerikaner Ken Ribet die sogenannte Epsilon-Vermutung bewiesen hatte, die von dem Franzosen Jean-Pierre Serre formuliert worden war, einer meisterlichen Intuition des Deutschen Gerhard Frey folgend. Dieser Beweis zeigte den Spezialisten, dass der legendäre letzte Satz von Fermat eng mit einem wichtigen Ergebnis aus den 1950er-Jahren zusammenhing, der Taniyama-Shimura-Vermutung, die wiederum mit bestimmten Eigenschaften semi-elliptischer Kurven zu tun hatte.

Für Coates war es eine freudige Überraschung zu sehen, dass sein früherer Student, niemand anderer als Andrew Wiles, nach so vielen Jahren außerhalb des Scheinwerferlichts nun die Einladung annahm. Die Überraschung wurde umso größer, als Wiles auf die Frage von Coates, wie viel Zeit er für seinen Vortrag reservieren sollte, antwortete, nicht weniger als drei Stunden – dabei war Wiles ein extrem scheuer Mensch mit einer bekannten Aversion, vor Publikum zu sprechen. Coates, der natürlich neugierig war, fragte ihn, welche wichtige Entwicklung eine Erläuterung über drei Stunden verdient habe, und Wiles antwortete, wie mehreren anderen Besuchern der Konferenz auch: „Kommen Sie und finden Sie es heraus!"

Der formelle Name dieser mysteriösen Präsentation, „Modulformen, elliptische Kurven und Galois-Darstellungen", enthielt zahlreiche bekannte mathematische Begriffe, aber Wiles bewahrte Stillschweigen über ihre Beziehungen. Er verhielt sich wie ein Mann, der ein unaussprechliches Geheimnis bewahrt. Diese Verschwiegenheit war relativ unüblich, denn selbst professionelle Mathematiker, eine Gruppe allgemein geselliger, aber reservierter Menschen, halten ihre Kollegen gerne über ihre Forschung auf dem Laufenden – und wenn sie nur ein bisschen Rat bei ihnen suchen.

Die Erwartungen waren hoch, als Wiles am Montag den Konferenzsaal des Augusta-Instituts betrat, ausgerüstet mit seinen Unterlagen. Unter den aufmerksamen Augen der ca. 20 Besucher haspelte sich dieser gertenschlanke, große und eingefallene Mann von kaum vierzig Jahren, dessen leichte Glatze ihm diesen für Wissenschaftler so typischen Eierkopf-Look verlieh, durch mehrere Teilergebnisse höchsten wissenschaftlichen Interesses. Dies sprach sich schnell herum, und bei der nächsten Sitzung, eingeplant für den Dienstag, war der Vorlesungssaal brechend voll. Nachdem die zweite Präsentation zu Ende war und der Mathematiker in respektvoller Stille verharrte, brachen die Besucher in wilde Debatten aus, elektrifiziert von dem, was sie gerade gehört hatten. Jetzt war es klar, dass Wiles nicht nur versuchte, eine Abfolge von Ergebnissen zu rezitieren, so gut sie auch immer gewesen sein mochten, sondern dass sein Vortrag zu etwas anderem führen sollte. Tatsächlich handelte es sich um eine sorgfältig konstruierte Argumentation höchster Komplexität, deren Fazit … was war? Ken Ribet, einer der Besucher, hatte keinen Zweifel daran: „Die Präsentation von Wiles konnte nur einen Gipfel haben, ein endgültiges Ziel"[2], so erklärte er später.

… und Mittwoch

Am 23. Juni war der Flur, der zum Vorlesungsraum führte, in dem Wiles den dritten und letzten seiner Vorträge halten sollte, extrem überfüllt. Einige der Besucher hatten Kameras mit zur Veranstaltung gebracht, und sie scheuten sich nicht, unzählige Fotos von dem gertenschlanken Mathematiker zu machen, der die an ihn gestellten Erwartungen mit unnatürlicher Gelassenheit ertrug. Als er schließlich für ein wenig Ruhe gesorgt hatte, begann Wiles mit der dritten Stunde seiner Präsentation, einer der bedeutendsten in der modernen Geschichte der Wissenschaft. Eine Notiz auf der Tafel folgte der anderen, und die Erwartung der Besucher wuchs und wuchs. Schließlich

2 Freie Übersetzung des Zitats aus *Fermat's Last Theorem* von Amir D. Aczel. Der Inhalt dieses Kapitels verdankt dieser bereits klassischen Studie des Fermatschen Satzes und seiner Auflösung eine ganze Menge.

malte Wiles mit Kreide noch die letzten Zeilen mit diversen Symbolen, die, obwohl sie in modernen mathematischen Begriffen gehalten waren, im Wesentlichen dasselbe ausdrückten wie die rätselhafte Notiz, die ein gewisser französischer Mathematiker drei Jahrhunderte zuvor an den Rand eines lateinischen Buches geschrieben hatte. „Und dies beweist den letzten Satz von Fermat“, erklärte Wiles. „Ich glaube, hier möchte ich enden.“ In einem dunklen, alten Herrenhaus war das letzte Licht eingeschaltet worden, und der Geist, der es heimgesucht hatte, war endgültig vertrieben.

Ein Mathematiker in den Schlagzeilen

Der Vortrag von Wiles machte in der mathematischen Gemeinschaft mit so viel Begeisterung von sich reden, dass auch die übrige Gesellschaft begann, ihm ihre Aufmerksamkeit zu schenken. Die Titelseite der New York Times hatte am 24. Juni die folgende

Der Mathematiker Andrew Wiles bei seinem Vortrag am 23. Juni 1993, in dem er den letzten Satz von Fermat erläuterte.

Schlagzeile: „Endlich wurde die Lösung für ein jahrhundertealtes Rätsel der Mathematik gefunden“, und viele der großen Tageszeitungen auf der Welt widmeten dieser Nachricht einen ähnlich prominenten Platz. Die außergewöhnliche Geschichte Fermats und seines letzten Satzes war Thema spezieller Fernsehsendungen, und praktisch über Nacht musste sich der schüchterne, zurückgezogene Wiles an den Status einer Berühmtheit gewöhnen.

„Nach sieben Jahren hat mir die Lösung des Problems ein wunderbares Gefühl verschafft,“ erinnert sich der britische Mathematiker 1997. „Ich hatte es endlich geschafft.“ Das Zitat geht jedoch weiter: „Erst später erkannte ich, dass es ein Problem gab.“

Und was als Weg zu Ruhm und professioneller Anerkennung begonnen hatte, sollte nur wenige Monate nach seinem traumhaften Vortrag in Cambridge zu einem wahren Alptraum werden, dessen Ursache wie folgt zusammengefasst werden könnte: „Der alte Geist will nicht ruhen.“

Um jedoch genau zu verstehen, was nach der Euphorie im Juni 1993 passiert war, und um sowohl den Weg von Wiles bewerten zu können, der zu diesen magischen Tagen in Cambridge geführt hatte, als auch die schmerzhafte Reise durch die Wildnis, die er auf sich nehmen musste, bis er schließlich zwei Jahre später seine glückliche Rehabilitierung erlangte, müssen wir zur Wurzel des Problems zurückkehren und versuchen, es in vollem Umfang und mit all seiner Komplexität zu verstehen. Dazu müssen wir Tausende von Jahren in der Geschichte zurückreisen und uns auf eine faszinierende Odyssee begeben, die uns von den Anfängen der Mathematik 2.000 Jahre vor Christus bis hin zu den fortschrittlichsten Einrichtungen der modernen Algebra und der Zahlentheorie führen wird. Zurück im bezaubernden Ithaka können wir unsere Neugier ebenso wie unsere Abenteuerlust stillen. Wir danken dem alten Geist Fermats und seinem letzten Satz für unsere Erlebnisse auf der Reise, für die Landschaften, die uns begegnet sind – nichts Geringeres als der menschliche Intellekt in all seiner Herrlichkeit.

Kapitel 2

Es begann in Sumer

Wer könnte behaupten, die Geschichte der Mathematik sei nicht wichtig? Diese Geschichte enthält die Grundlagen für unsere Gedanken, die Weiterentwicklung von Ideen und die Schlüssel für die Zukunft. Es ist unabdingbar, die Mathematik zu verstehen. Und dazu verschafft man sich am besten einen vollständigen – und wir möchten behaupten vergnüglichen – Überblick über die Disziplin. Die rätselhafte Geschichte von Fermat hat ihre Wurzeln in einer fernen Vergangenheit, die uns zurück nach Sumer und Indien vor mehreren Tausend Jahren führt. Die Reise führt uns unweigerlich zur berühmten Gleichung von Pythagoras. Sie besagt, wenn x und y die Katheten eines rechtwinkligen Dreiecks sind, und z die Hypotenuse ist, dann ist $x^2 + y^2 = z^2$.

Von allen Mathematikern, die je gelebt haben, ist Pythagoras zweifellos der berühmteste, und von allen Sätzen aus der Welt der Mathematik ist sein Satz wohl der bekannteste. Somit ist es vielleicht überraschend zu erfahren, dass der Satz bereits mehrere Hundert Jahre zuvor entdeckt wurde, lange bevor der berühmte Mathematiker geboren war. Aber wie würden wir den Satz nennen, wenn wir ihn wirklich umbenennen wollten? Unsere Geschichte beginnt 1.800 v. Chr. in einem Gebiet um Larsa, einer großen Stadt in Sumer, heute im Süden des Irak zu verorten. Ein Schreiber mischt feuchten Lehm sorgfältig und rollt ihn aus, um eine Tafel daraus zu machen. Mit einem Griffel in der Hand zeichnet er eine Zahlentabelle auf, die mehrere Tausend Jahre überdauern sollte.

Die Plimpton-322-Tafel

1922 erwarb George Arthur Plimpton, ein Verleger aus New York, diese alte Tafel von Edgar J. Banks, einem Händler für archäologische Gegenstände. Sie war in einem relativ guten Zustand, hatte aber einen großen Riss auf der rechten Seite, und der Teil oben links war nicht mehr lesbar. Interessanterweise deutete all dies darauf hin, dass die Tafel ursprünglich größer gewesen sein musste, weil die linke Seite auf höchst unregelmäßige Weise endete, so, als ob sie abgebrochen wäre. Vielleicht wurde sie beim Ausgraben beschädigt? In jedem Fall haben wir jetzt eine Tafel, die ca. 13 cm breit, 9 cm hoch und 2 cm dick ist. Laut Banks stammte die Tafel aus Tell as-Senkereh, der alten Stadt Larsa. Nachfolgende Untersuchungen, bei denen ihr Schreibstil mit anderen Tafeln aus derselben

Die Plimpton-322-Tafel.

Gegend verglichen wurde, bestätigten ihren Ursprung. Forscher datieren die Tafel auf den Zeitraum zwischen 1822 und 1784 v. Chr., einige Jahre vor der Einnahme der Stadt Larsa durch Hammurabi 1762 v. Chr. Plimpton starb 1936 und vermachte die Tafel ebenso wie seine restliche Sammlung der Universität Columbia, wo sie derzeit unter Katalognummer 322 geführt wird. Ab diesem Moment wurde die Tafel als „Plimpton 322" bezeichnet.

Das babylonische Zahlensystem mit der Basis 60

Welche Geheimnisse gibt diese Tafel preis? Die darauf enthaltenen Zahlen sind in vier Spalten angeordnet. Sie verwenden ein anderes Zahlensystem als das unsere, nämlich eines mit der Basis 60. Man geht davon aus, dass dieses System, auch als sexagesimal bezeichnet, seine Ursprünge in der sumerischen Kultur des dritten Jahrtausends v. Chr. hat und dass es später an die Babylonier weitergegeben wurde. Es wird heute noch für die Messung von Zeit, Winkeln und geographischen Koordinaten verwendet. In einem einzigartigen Beispiel für die Koexistenz von dezimalem und sexagesimalem System ist eine Stunde in 60 Minuten unterteilt, und eine Minute in 60 Sekunden. Unterteilungen, die kleiner als Sekunden sind, werden jedoch heute unter Verwendung des Dezimalsystems gezählt: Hundertstelsekunden, Tausendstelsekunden usw. Nicht einmal das mächtige dezimale System konnte das von unseren Vorfahren in Sumer verwendete sexagesimale System vollständig verdrängen. Ein Kreisumfang wird immer noch in 360 Grad aufgeteilt, wie es bereits seit Tausenden von Jahren gehandhabt wird. Die Sonnenuhr war das Modell für die Zeitmessung auch mit unseren analogen Armbanduhren, und sogar die Digitaluhren trotzen den historischen Ereignissen, indem sie weiterhin ein sexagesimales Design imitieren. Jahre und Jahrhunderte werden unter Verwendung des Dezimalsystems gezählt, aber der Tag hat immer noch 24 Stunden.

Warum haben die Sumerer das sexagesimale Zahlensystem verwendet? Das liegt an einigen einzigartigen Eigenschaften der Zahl 60. Die vielleicht interessanteste ist die beeindruckende Liste der Teiler. Die Zahl 60 kann durch nicht weniger als 12 Zahlen ganzzahlig dividiert werden: 1, 2, 3, 4, 5, 6, 10, 12, 15, 20, 30, 60. Es gibt keine Zahl unter 60, die so viele Teiler hat. Diese Eigenschaft der Teilbarkeit ist besonders attraktiv bei der Arbeit mit Brüchen, weil damit Berechnungen sehr viel einfacher ausgeführt werden können. Damals gab es noch keine Rechenmaschinen, und wenn man sich allein auf das menschliche Gehirn verlassen musste, war diese Hilfe sehr praktisch.

Andere bemerkenswerte Eigenschaften sind die zahlreichen Beziehungen zwischen 60 und den Primzahlen. Erstens liegt 60 zwischen zwei Primzahlen (59 und 61), und es ist das Ergebnis der Addition von zwei Primzahlen (29 + 31). Außerdem erhält man 60, wenn man vier aufeinanderfolgende Primzahlen addiert (11 + 13 + 17 + 19).

Die vielleicht überraschendste Eigenschaft der Zahl 60 in dieser Hinsicht ist jedoch, dass es die kleinste Zahl ist, die auf sechs verschiedene Arten als Summe von zwei Primzahlen erhalten werden kann. Die folgende Tabelle zeigt diese bemerkenswerte Eigenschaft.

N	Die kleinste Zahl, die auf *n* verschiedene Arten als Summe von Primzahlen ausgedrückt werden kann.	Möglichkeiten, die Zahl als Summe von zwei Primzahlen auszudrücken.
1	4	2 + 2
2	10	3 + 7 / 5 + 5
3	22	3 + 19 / 5 + 17 / 11 + 11
4	34	3 + 31 / 5 + 29 / 11 + 23 / 17 + 17
5	48	5 + 43 / 7 + 41 / 11 + 37 / 17 + 31 / 19 + 29
6	60	7 + 53 / 13 + 47 / 17 + 43 / 19 + 41 / 23 + 37 / 29 + 31

Im 4. Jahrhundert hatte Theon von Alexandria die Verwendung des sexagesimalen Systems durch die Tatsache erklärt, dass 60 die kleinste Zahl ist, die durch 1, 2, 3, 4, 5 und 6 dividiert werden kann. Der Mathematiker J. G. van der Galiën zeigte, dass wenn n eine positive ganze Zahl ist, deren kleinste aufeinanderfolgende Teiler $\sqrt{n}$ sind, diese Zahl n

nur eine Primzahl, das Doppelte einer Primzahl oder eine der Zahlen 1, 8, 12, 24 und 60 sein kann. Aus diesem Ergebnis können wir schließen, dass 60 die größte zusammengesetzte Zahl ist, deren erste Teiler aufeinanderfolgend bis zu $\sqrt{n}$ sind.

HOCHZUSAMMENGESETZTE ZAHLEN

Positive ganze Zahlen, die mehr Teiler besitzen als jede kleinere positive ganze Zahl, werden als „hochzusammengesetzte Zahlen" bezeichnet. Die Liste der ersten hochzusammengesetzten Zahlen ist ganz einfach zu ermitteln, wie die nachfolgenden Tabelle zeigt. Es gibt jedoch noch keine Formel, mit der es möglich wäre, alle diese Zahlen zu bestimmen.

Hochzusammengesetzte Zahl	Faktorisierung als Produkt von Primzahlen	Anzahl der Teiler	Liste der Teiler
2	2	2	1, 2
4	2^2	3	1, 2, 4
6	2×3	4	1, 2, 3, 6
12	$2^2 \times 3$	6	1, 2, 3, 4, 6, 12
24	$2^3 \times 3$	8	1, 2, 3, 4, 6, 8, 12, 24
36	$2^2 \times 3^2$	9	1, 2, 3, 4, 6, 9, 12, 18, 36
48	$2^4 \times 3$	10	1, 2, 3, 4, 6, 8, 12, 16, 24, 48
60	$2^2 \times 3 \times 5$	12	1, 2, 3, 4, 5, 6, 10, 12, 15, 20, 30, 60
120	$2^3 \times 3 \times 5$	16	1, 2, 3, 4, 5, 6, 8, 10, 12, 15, 20, 24, 30, 40, 60, 120
180	$2^2 \times 3^2 \times 5$	18	1, 2, 3, 4, 5, 6, 9, 10, 12, 15, 18, 20, 30, 36, 45, 60, 90, 180
240	$2^4 \times 3 \times 5$	20	1, 2, 3, 4, 5, 6, 8, 10, 12, 15, 16, 20, 24, 30, 40, 48, 60, 80, 120, 240
360	$2^3 \times 3^2 \times 5$	24	1, 2, 3, 4, 5, 6, 8, 9, 10, 12, 15, 18, 20, 24, 30, 36, 40, 45, 60, 72, 90, 120, 180, 360
720	$2^4 \times 3^2 \times 5$	30	1, 2, 3, 4, 5, 6, 8, 9, 10, 12, 15, 16, 18, 20, 24, 30, 36, 40, 45, 48, 60, 72, 80, 90, 120, 144, 180, 240, 360, 720
840	$2^3 \times 3 \times 5 \times 7$	32	1, 2, 3, 4, 5, 6, 7, 8, 10, 12, 14, 15, 20, 21, 24, 28, 30, 35, 40, 42, 56, 60, 70, 84, 105, 120, 140, 168, 210, 280, 420, 840
1260	$2^2 \times 3^2 \times 5 \times 7$	36	1, 2, 3, 4, 5, 6, 7, 9, 10, 12, 14, 15, 18, 20, 21, 28, 30, 35, 36, 42, 45, 60, 63, 70, 84, 90, 105, 126, 140, 180, 210, 252, 315, 420, 630, 1260
1680	$2^4 \times 3 \times 5 \times 7$	40	1, 2, 3, 4, 5, 6, 7, 8, 10, 12, 14, 15, 16, 20, 21, 24, 28, 30, 35, 40, 42, 48, 56, 60, 70, 80, 84, 105, 112, 120, 140, 168, 210, 240, 280, 336, 420, 560, 840, 1680

Vom dezimalen metrischen System zum sexagesimalen Zahlensystem

Diese und andere Antworten konnten die Forscher jedoch nicht zufriedenstellen. Tatsächlich gibt es archäologische Beweise, dass die Sumerer bis ca. 3.500 v. Chr. das dezimale metrische System verwendet haben. Es ist nicht genau bekannt, was sie veranlasst hat, auf das sexagesimale Zahlensystem umzusteigen. Hier sollten wir auf die Bedeutung des Unterschieds zwischen einem Zahlensystem und einem metrischen System hinweisen. Das Zahlensystem wird verwendet, um zu zählen, zu addieren und zu subtrahieren und, ganz allgemein, um alle möglichen arithmetischen Operationen durchzuführen und numerische Probleme zu lösen. Das metrische System dagegen wird verwendet, um zu messen – Längen, Flächen, Volumen, Winkel, Gewichte und sogar die Zeit. Häufig sind beide Systeme gleich, aber das war nicht immer so. Derzeit haben wir ein dezimales Zahlensystem, das neben einem sexagesimalen System für die Messung der Zeit existiert. Zu Beginn des letzten Jahrhunderts wies der deutsche Forscher Otto Neugebauer auf die Möglichkeit hin, dass die sumerische Kultur zuerst ein dezimales metrisches System verwendete, bevor sie auf ein sexagesimales System umstieg, über das wir keine vollständigen Aufzeichnungen haben, oder die vielleicht nicht beide gleichzeitig verwendet wurden. Neugebauer vermutete, dass das ursprüngliche dezimale metrische System zugunsten eines Systems mit der Basis 60 aufgegeben wurde, um Gewichte und Maße in Drittel dividieren zu können. Man weiß, dass die grundlegenden Brüche des sumerischen Gewichts- und Maßsystems 1/3 und 2/3 waren. Nicht klar ist jedoch, warum sie nicht von Anfang an das sexagesimale System verwendet haben.

Vermischung der Völker, Zusammenführung der Systeme

Andere Forscher, wie beispielsweise G. Kewitsch, waren der Meinung, die sumerische Zivilisation könnte sich aus der Vermischung von zwei Bevölkerungsgruppen gebildet haben, wovon eine mit der Basis 12, die andere mit der Basis 5 gezählt hat. Die Basis 5 ist nicht so weit verbreitet wie die Basis 10, aber sie haben wahrscheinlich einen gemeinsamen Ursprung, das Abzählen mit den Fingern: Basis 5 verwendet die Finger einer Hand, während Basis 10 die Finger beider Hände benutzt. Spinnt man diese Theorie fort, hätte es sein können, dass sich das Zahlensystem mit der Basis 60 auf ganz natürliche Weise ergeben hat, weil die beiden Bevölkerungsgruppen sich vermischt und Handel miteinander getrieben haben und deshalb ein gemeinsames System brauchten.

Diese Theorie hat jedoch zwei maßgebliche Nachteile. Der erste ist, dass wir zwar den Beweis haben, dass in der Region die Basis 10 verwendet wurde, es aber keine archäologischen Hinweise darauf gibt, dass die Basis 5 verwendet wurde. Um dieses

Problem zu beheben, ist jedoch eine andere Erklärung möglich. Angenommen, kurz vor 3.500 v. Chr. gab es eine Bevölkerungsgruppe, die ein duodezimales System (Basis 12) verwendete und in Kontakt mit den sumerischen Menschen kam, die noch das dezimale System verwendeten. Die logischste Erklärung ist, dass ein neues System schrittweise zum Standard wurde. Das ideale System würde die Basis verwenden, die das kleinste gemeinsame Vielfache zwischen 10 und 12 darstellt, damit Äquivalenzen zwischen den Maßen der beiden Systeme einfach berechnet werden konnten. Und diese Zahl ist 60!

Damit gelangen wir jedoch zu einem weiteren Problem. Es gibt keine Aufzeichnungen über eine Bevölkerung in der Region, die ein Zahlensystem mit der Basis 12 verwendet hat. Mit ein bisschen Vorstellungskraft könnte man annehmen, dass die Zahl 12 von der Anzahl der Vollmonde im Sonnenjahr stammt, und dass viele Maßeinheiten bis in unsere Zeit überdauert haben, die diese Zahl verwenden. Beispielsweise bildeten beim traditionellen britischen Maß- und Gewichtssystem 12 Zoll einen Fuß und 12 Pence einen Shilling. Und Eier zählen wir heute noch in Dutzenden! Zwölf Dutzend sind ein Gros, was die Tatsache unterstreicht, dass das System zum Zählen von Eiern die Basis 12 hat. Und 12 ist ebenfalls eine hochzusammengesetzte Zahl. Die archäologischen Beweise für solche Theorien müssen jedoch erst noch erbracht werden.

Astronomische Theorien und Grade

Ein Jahr besteht aus ungefähr 360 Tagen, und der Kreisumfang wird in 360 Grad unterteilt. Ein Zufall? Die Sumerer sahen wie sich die Sterne am Firmament bewegten, und sie wussten, dass ein Jahr aus ca. 365 Tagen bestand. Damit muss die Erde auf ihrem Weg um die Sonne täglich ein Dreihundertfünfundsechzigstel Teil des Umfangs zurücklegen. Vielleicht wollten sie ihre Berechnungen vereinfachen und beschlossen, dass es eine gute Annäherung sei, den Umfang in 360 Grad zu unterteilen. Aus mathematischer Perspektive waren die Vorteile klar. Es gab jedoch auch zahlreiche geometrisch interessante Eigenschaften. Wenn ein Sechseck in einen Kreis gezeichnet wird, sind die Längen seiner Seiten gleich dem Kreisradius. Dank dieser Eigenschaft ist es ganz einfach, mit einem Zirkel ein Sechseck zu zeichnen oder einen Umfang in sechs gleiche Teile zu unterteilen. Ein Sechstel von 360 ist 60. Alle diese Zufälle vereinfachen zweifellos die Aufgabe, den Himmel und seine Bewegungen zu zeichnen und sie in Zahlen zu übersetzen. Ganz offensichtlich waren die Sumerer erfahrene Astronomen.

Ein weiterer interessanter Zufall ist, dass die Sonne ca. 720-mal ihren Durchmesser an einem Tag zurücklegt (der sichtbare Durchmesser der Sonne beträgt 2 Bogenminuten), und da der Tag der Sumerer 12 Stunden hatte, kommt man wieder leicht zur 60. Dies würde jedoch bedeuten, dass die Mesopotamier eine Möglichkeit hatten, den sichtbaren

BUCKYBALLS

In der Geometrie nimmt die Zahl 60 einen ganz besonderen Platz ein. 1985 entdeckten Robert F. Curl Jr., Harold W. Kroto und Richard E. Smalley die *Buckminsterfullerene* (auch als *Buckyballs* bezeichnet), die etwa einen Nanometer Durchmesser haben. Für diese Entdeckung erhielten sie 1996 den Nobelpreis für Chemie. Diese Moleküle, die sich aus 60 Kohlenstoffatomen zusammensetzen (ihre chemische Formel lautet C_{60}), symmetrisch in sechseckigen und fünfeckigen Strukturen angeordnet, besitzen außergewöhnliche Eigenschaften, insbesondere als Supraleiter. Die Supraleiter-*Buckyballs* haben die höchste kritische Temperatur, die je in einer organischen Struktur gefunden wurde, und sie werden verwendet, um im Bereich der Nanotechnologie Nanoröhren herzustellen. Ihr Name ist abgeleitet von ihrer Ähnlichkeit mit den filigranen Kuppeln des US-amerikanischen Architekten Richard Buckminster Fuller. Diese Entdeckung versetzte die ganze Wissenschaftsgemeinde in Aufruhr, weil die Buckyballs neben Graphit und Diamant einen neuen Typ reinen Kohlenstoffs bilden.

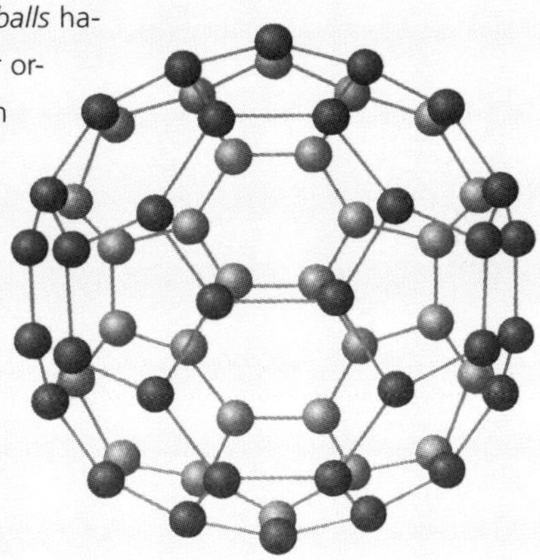

Durchmesser der Sonne zu messen. Doch auch dafür fehlt uns der archäologische Beweis. Es wurde sogar vermutet, dass es alle 60 Jahre eine Konjunktion von Jupiter und Saturn im Tierkreis gebe. Es gibt zweifellos viele astronomische Phänomene, deren Periodizität unter Verwendung der Zahl 60 oder eines ihrer Vielfachen oder Teiler ausgedrückt werden kann. Es gibt einen guten Grund, warum das so ist!

Zählmethoden

Für die Forscher J. J. O'Connor und E. F. Robertson liegt der Ursprung des sexagesimalen Systems in der Zählmethode der Sumerer. So wie anhand der Finger der beiden Hände Zahlensysteme mit der Basis 10 und mit den Fingern und Zehen Zahlensysteme mit der Basis 20 erklärt werden konnten, suchten sie eine Möglichkeit, unter Verwendung der Hände zum Zählen auf das sexagesimale System zu kommen. Mithilfe des Daumens der rechten Hand und jedes Fingerglieds der restlichen Finger, beginnend mit dem kleinen Finger, kann man ganz einfach bis 12 zählen. Und um große Mengen zu zählen, wird bei jedem Durchgang einer solchen Operation ein Finger der freien (linken) Hand gehoben, bis 60 (12 x 5 = 60) erreicht ist. Diese Art zu zählen würde auch die allgemeine Verwendung von 12 als Referenzpunkt erklären.

Sprache und Zählen

Der Amerikaner Marvin A. Powell Jr. hatte eine neue Theorie. Er war der Meinung, das sexagesimale System hätte seine Wurzeln in einer Interaktion zwischen Sprache und Schrift. Seine Hypothese basiert auf dem Vorkommen der Basis 20 in der Etymologie des Hauptdialekts der Sumerer, und dem Vorkommen eines Systems mit der Basis 3 in der Etymologie eines anderen sumerischen Dialekts. Kombiniert man beides, gelangt man zum sexagesimalen Zahlensystem. Er geht davon aus, dass das Wort für sechzig (*nis*) in der sumerischen Sprache etwas wie „drei Zwanziger" bedeutet. Leider ist die Etymologie dieses Wortes jedoch unbekannt.

Jahrhundertelang haben die Forscher versucht, die Ursprünge des sexagesimalen Zahlensystems zu finden. Letztlich sind jedoch alle formulierten Theorien reine Vermutungen, weil es keine archäologischen Funde gibt, die sie stützen könnten. Wir können nur hoffen, dass irgendwann in der Zukunft ein neuer Beweis gefunden wird.

Zwei Symbole, um die Welt zu zählen

Man könnte versucht sein anzunehmen, in dem sexagesimalen Zahlensystem der Babylonier gäbe es 60 verschiedene Einheiten, so wie es in unserem Dezimalsystem 10 verschiedene Ziffern gibt. Das ist jedoch nicht der Fall. Die Babylonier verwendeten nur zwei Symbole, mit denen jede beliebige Zahl dargestellt werden konnte. Sie verfügten über ein geniales System, das die positionelle Notation und ein additives Zahlensystem kombinierte.

Bei der positionellen Notation ist der numerische Wert einer Ziffer davon abhängig, an welcher Stelle sie steht. Unser heute verwendetes Dezimalsystem beispielsweise ist ein positionelles System, weil eine 2 in der ersten Spalte von rechts zwei Einer darstellt, befindet sie sich dagegen in der zweiten Spalte von rechts, stellt sie zwei Zehner dar.

Bei einem additiven Zahlensystem hat jedes Symbol einen Wert, unabhängig von seiner Position in der Zahl. Addiert man alle Werte, die von jedem Symbol dargestellt werden, erhält man den Wert der Zahl.

Das additive System

Die babylonische Methode, von 1 bis 9 zu zählen, war extrem einfach: Man zeichnete einfach ein Symbol, zwei Symbole usw. Insofern ist ihr Zahlensystem additiv. Obwohl es üblich ist, dass die Symbole an bestimmten Positionen dargestellt werden, haben sie tatsächlich alle denselben Wert. Jedes Symbol hat den Wert einer Einheit. Weil die

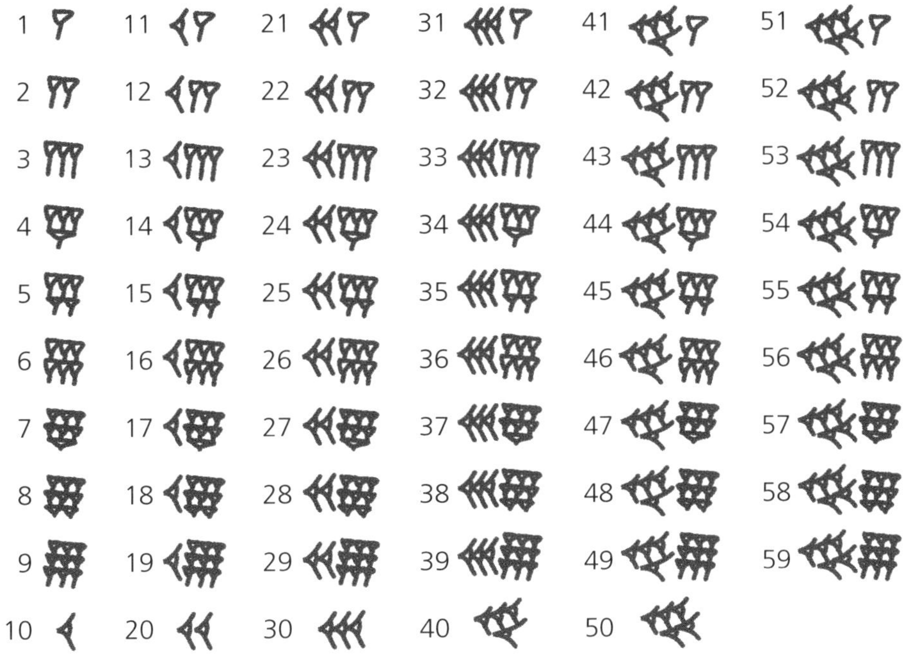

Die Symbole aus dem babylonischen sexagesimalen Zahlensystem.

Symbole unter Verwendung von Griffeln in Lehmtafeln eingeritzt wurden, wurden die vertikalen Symbole in Form eines Keils dargestellt. Sie wurden symmetrisch gruppiert, wie in der Abbildung oben gezeigt.

Ein anderes Symbol wurde für die Zahl 10 verwendet, ein breiterer Keil. Auf diese Weise war es möglich, Zehner und Einer zu sammeln, bis schließlich 59 erreicht waren. Damit war das System additiv. Einige Symbole hatten einen Wert von 1, während andere einen Wert von 10 hatten.

Das positionelle System

Ab 60 wird das System positionell. Um die Zahl 60 darzustellen, wird ein Symbol an der zweiten Stelle von rechts dargestellt. Deshalb wird das System auch als sexagesimal bezeichnet, weil das System an der zweiten Stelle den Wert 60 hat. Jetzt kann man ganz einfach bis 3.600 zählen. Die Zahl 72 beispielsweise wird als  dargestellt. Beginnend von rechts haben die beiden ersten vertikalen Symbole den Wert 1, das horizontale hat den Wert 10, und das andere vertikale einen Wert von 60. Insgesamt 60 + 10 + 2 = 72.

Ein Problem tritt auf, wenn wir 62 schreiben wollen. Zwei vertikale Symbole an der ersten Stelle, gefolgt von einem weiteren vertikalen Symbol an der zweiten Stelle (gekennzeichnet durch ein Leerzeichen). Die Zahl muss sehr sorgfältig geschrieben werden, um eine Verwechslung von 62 () mit 3 () zu vermeiden. Gibt es darüber hinaus nur ein vertikales Symbol, wie können wir dann zwischen 1 und 60 unterscheiden? Manchmal ist das einfach unmöglich. Die Zahl 0 musste erst noch erfunden werden, deshalb konnten beim Ablesen von Zahlen leicht Fehler entstehen. Wurden die Zahlen jedoch auf einer Tafel dargestellt statt isoliert in einem Text, konnte man sehr viel leichter erkennen, welche Stelle ein Symbol einnahm. Aber trotzdem mussten die Schreiber sehr sorgfältig vorgehen, um Fehler zu vermeiden.

Als Beispiel wurde die folgende sexagesimale Zahl in die Dezimalnotation übersetzt:

Der erste Schritt ist, die sexagesimale Zahl Stelle für Stelle zu lesen und dies in Dezimalnotation aufzuschreiben. Wir erhalten also die Zahl 20-11-1-23.

Jetzt können wir den Wert in Dezimalnotation berechnen. Rechts haben wir 23 Einheiten. Die 1 an der zweiten Stelle hat den Wert 60. Die 11 an der dritten Stelle hat den Wert 60 x 60 (d. h. 60^2). Schließlich erhalten wir die Zahl in Dezimalnotation:

$$20 \times 60^3 + 11 \times 60^2 + 1 \times 60 + 23 = 4.359.683$$

Dezimalstellen

So wie es keine Ziffer für die Null gab, hatte die sexagesimale Notation kein Dezimalkomma. Damit war es notwendig, den Kontext zu kennen, um zu wissen, wo das Dezimalkomma begann. Beispielsweise wird die sexagesimale Zahl  in die nachfolgende Dezimalnotation übersetzt, wobei vorausgesetzt wird, dass es sich um eine Zahl handelt, die kleiner als eine Einheit ist. Zunächst wird die sexagesimale Zahl Stelle für Stelle gelesen und in Dezimalnotation geschrieben. Damit erhalten wir die Zahl 10-2-11 (beachten Sie den Zwischenraum, der in der sexagesimalen Zahl die 10 von der 2 trennt).

Dann können wir ihren Wert in Dezimalnotation berechnen. Links haben wir die Zahl 10, die die zehn Sechzigstel der Einheit darstellt (d. h. 10/60). Die darauffolgende 2 stellt das Sechzigstel eines Sechzigstels einer Einheit dar (d. h. $2/60^2$) und die 11 an der dritten Stelle die Sechzigstel eines Sechzigstels eines Sechzigstels (d. h. $11/60^3$). Wir erhalten in Dezimalnotation also die folgende Zahl:

$$\frac{10}{60} + \frac{2}{60^2} + \frac{11}{60^3} = 0{,}167273\ldots$$

Übertragung der Plimpton-322-Tafel in die Dezimalnotation

Die Forscher wendeten dieselben Schritte in dem Versuch an, die Bedeutung der Zahlen auf der Plimpton-322-Tafel zu bestimmen. Als erstes nummerierten sie die Spalten und übertrugen ihren Inhalt sorgfältig in die arabische Notation. Dies war der erste Schritt zu ihrer Übersetzung.

I	II	III	IV
59 00 15	1 59	2 49	1
56 56 58 14 50 06 15	56 07	**3 12 01**	2
55 07 41 15 33 45	1 16 41	1 50 49	3
53 10 29 32 52 16	3 31 49	5 09 01	4
48 54 01 40	1 05	1 37	5
47 06 41 40	5 19	8 01	6
43 11 56 28 26 40	38 11	59 01	7
41 33 59 03 45	13 19	20 49	8
38 33 36 36	**9 01**	12 49	9
35 10 02 28 27 24 26 40	1 22 41	2 16 01	10
33 45	45	1 15	11
29 21 54 02 15	27 59	48 49	12
27 03 45	**7 12 01**	4 49	13
25 48 51 35 06 40	29 31	53 49	14
23 13 46 40	56	**53**	15

Tabelle mit Zahlen der Basis 60, von der Originaltafel in die moderne Notation übertragen.

In allen Tabellen in diesem Kapitel entsprechen die kursiv gesetzten Zahlen oben links den nicht lesbaren Werten auf der Tafel, während die fett gesetzten Zahlen in der restlichen Tabelle den Fehlern entsprechen, die der Schreiber vermutlich gemacht hat. Diese Zahlen werden dann in die Dezimalnotation übertragen.

Dazu wird das unten erklärte Verfahren angewendet, um sie besser analysieren zu können.

I	II	III	IV
0,983402777	119	169	1
0,949158552	3.367	**11.521**	2
0,918802126	4.601	6.649	3
0,886247906	12.709	18.541	4
0,815007716	65	97	5
0,785192901	319	481	6
0,719983676	2.291	3.541	7
0,692773437	799	1.249	8
0,642669444	541	769	9
0,586122566	4.961	8.161	10
0,5625	45	75	11
0,489416840	1.679	2.929	12
0,451041666	**25.921**	289	13
0,430238820	1.771	3.229	14
0,387160493	56	**53**	15

Übersetzung der Tafel in Zahlen mit der Basis 10.

Auf den ersten Blick scheint diese Sammlung von Zahlen keinerlei Bedeutung zu haben. Vielleicht handelt es sich einfach um eine Aufzeichnung von Informationen, die im Laufe der Zeit nicht mehr zuzuordnen waren, wie es so häufig der Fall ist. Beachten Sie jedoch, dass die vierte Spalte, die eigentlich die erste von rechts ist, die Zahlen 1 bis 15 in Folge enthält, als handle es sich um eine Liste. Andererseits ist es auch seltsam, dass die erste Spalte eine Sammlung sexagesimaler Zahlen zwischen 0 und 1 in absteigender Reihenfolge enthält. Einige davon sind kompliziert und haben eine große Anzahl sexagesimaler Ziffern, wie beispielsweise in Zeile 10, während andere einfacher sind, wie beispielsweise die elfte Zeile. Auf den ersten Blick ist es jedoch nicht offensichtlich, dass es irgendeine Verbindung zwischen ihnen geben könnte. An dieser Stelle wird die Bedeutung der zweiten und dritten Spalten klar, weil die Zahl, die in der dritten Spalte steht, immer größer als die in der zweiten ist, und wenn man die zwei Zahlen dividiert, erhält man ebenfalls eine absteigende Folge von Zahlen zwischen 0 und 1. Damit wird es möglich, die Tabelle um eine Spalte (V) zu erweitern, die sich durch die folgende Formel ergibt:

$$\text{Spalte V} = \text{Spalte II} / \text{Spalte III}.$$

Darüber hinaus kann ganz einfach gezeigt werden, dass man durch Quadrieren der zweiten und dritten Spalte und anschließendes Subtrahieren immer eine ganze Zahl erhält. Dies wiederum gestattet uns, eine weitere Spalte (VI) ganzer Zahlen zu erstellen, abgeleitet unter Verwendung der folgenden Formel:

$$\text{Spalte VI} = \text{Wurzel aus (Spalte III}^2 - \text{Spalte II}^2\text{)}.$$

Wenn wir schließlich alle diese Informationen in einer neuen Tabelle zusammenfassen, können einige der Fehler aus dem Original korrigiert werden. Beispielsweise scheint alles darauf hinzuweisen, dass in der zweiten Zeile ein Fehler gemacht wurde, weil Spalte V der abnehmenden Reihenfolge der Zahlen nicht folgt, und in Spalte VI kein ganzzahliges Ergebnis steht. Beide Fehler können nur korrigiert werden, wenn in die dritte Spalte statt 11.521 die Zahl 4.825 eingetragen wird. Damit passt alles besser zusammen:

I	II	III	IV	V	VI
0,983402777...	119	169	1	0,704142011...	120
0,949158552...	3.367	**4.825***	2	0,697823834...	3.456
0,918802126...	4.601	6.649	3	0,691983757...	4.800
0,886247906...	12.709	18.541	4	0,685453859...	13.500
0,815007716...	65	97	5	0,670103092...	72
0,785192901...	319	481	6	0,663201663...	360
0,719983676...	2.291	3.541	7	0,646992375...	2.700
0,692709418...*	799	1.249	8	0,639711769...	960
0,642669444...	**481***	769	9	0,625487646...	600
0,586122566...	4.961	8.161	10	0,607891189...	6.480
0,5625	45	75	11	0,6	60
0,489416840...	1.679	2.929	12	0,573233185...	2.400
0,450017361...*	**161***	289	13	0,557093425...	240
0,430238820...	1.771	3.229	14	0,548467017...	2.700
0,387160493...	56	**106***	15	0,528301886...	90

Erweiterung der Tabelle und Fehlerkorrektur
(die korrigierten Werte sind mit einem Stern gekennzeichnet).

Eine letzte Überraschung ergibt sich jedoch aus der Interpretation der ersten Spalte. Dividiert man die zweite Spalte durch die sechste und quadriert man das Ergebnis, ergibt sich die Zahl aus der ersten Spalte – bis auf die letzte Dezimalstelle. Unglaublich! Damit können wir alle Fehler korrigieren, die man in der Tafel vermutete.

Aber woher kommen alle diese Zahlen? Mittlerweile ist relativ klar, dass sie nicht rein zufällig auf der Tafel erscheinen, und im Laufe der Jahrzehnte haben die Forscher unterschiedliche Erklärungen vorgeschlagen. Die erste Vermutung war, die Tafel sei vielleicht eine Sammlung pythagoreischer Tripel (Spalten II, III und VI), d. h. ganze Zahlen, die den Satz von Pythagoras erfüllen. Spalte II würde dem kürzeren Schenkel (der Kathete) entsprechen, Spalte III der Hypotenuse, und Spalte VI dem Wert des längeren Schenkels. Tatsächlich deutet der akkadische Text, der den Spalten II und III vorausgeht, darauf hin, ebenso wie darauf, dass Spalte VI den „verlorenen" Teil der Tafel darstellt.

Aber warum sollten solch komplizierte Tripel ausgewählt werden? Es gibt viele Beispiele, die sehr viel einfacher sind, wie beispielsweise (3, 4, 5), (6, 8, 10) und (5, 12, 13). Sie alle entsprechen ganzzahligen Seiten eines rechtwinkligen Dreiecks und erscheinen nicht in der Tafel. Die Tafel hätte mit Sicherheit noch weitere Beispiele aufgelistet, aber man könnte logischerweise annehmen, dass sich unter den ersten fünfzehn Beispielen eines der einfachsten befinden würde.

Die Hypothese von Otto Neugebauer

All dies ließ den Mathematiker Otto Neugebauer vermuten, dass die Zahlen in den Spalten II und III tatsächlich das Ergebnis von Berechnungen sind, die auf sehr viel einfacheren Werten basieren. 1951 stellte Neugebauer die Behauptung auf, dass die Person, die die Tafel verfasst hat, die Formeln für die Generierung pythagoreischer Tripel basierend auf diesen Werten kannte. Dazu wählte sie zwei teilerfremde natürliche Zahlen p und q aus, wobei p größer als q ist. Anschließend berechnete sie sukzessive die folgenden Werte:

$$a = p^2 - q^2 \text{ (Spalte II).}$$
$$b = 2pq \text{ (Spalte VI).}$$
$$c = p^2 + q^2 \text{ (Spalte III).}$$

Es kann einfach gezeigt werden, dass tatsächlich gilt:

$$a^2 + b^2 = (p^2 - q^2)^2 + (2pq)^2 = p^4 - 2p^2q^2 + q^4 + 4p^2q^2$$
$$= p^4 + 2p^2q^2 + q^4 = (p^2 + q^2)^2 = c^2.$$

Diese drei Werte bilden also ein pythagoreisches Tripel. Basierend auf dieser Hypothese begann Neugebauer, die sumerische Tafel um neue Spalten zu erweitern, die sich vermutlich links von den überlieferten Spalten befanden.

p	q	p^2	q^2	VI $2pq$	II $p^2 - q^2$	III $p^2 + q^2$	IV	p / q
12	5	144	25	120	119	169	1	2.4
64	27	4,096	729	3,456	3,367	**4,825***	2	2.370370370...
75	32	5,625	1,024	4,800	4,601	6,649	3	2.34375
125	54	15,625	2,916	13,500	12,709	18,541	4	2.3148148148...
9	4	81	16	72	65	97	5	2.25
20	9	400	81	360	319	481	6	2.222222222...
54	25	2,916	625	2,700	2,291	3,541	7	2.16
32	15	1,024	225	960	799	1,249	8	2.13333333...
25	12	625	144	600	**481***	769	9	2.083333333...
81	40	6,561	1,600	6,480	4,961	8,161	10	2.025
–	–	–	–	60	45	75	11	–
48	25	2,304	625	2,400	1,679	2,929	12	192
15	8	225	64	240	**161***	289	13	1.875
50	27	2,500	729	2,700	1,771	3,229	14	1.851851851...
9	5	81	25	90	56	**106***	15	1.8

Auswahl der Werte von p, q gemäß Otto Neugebauer (die Sterne kennzeichnen korrigierte Werte).

Jetzt scheint alles zu passen – außer der elften Zeile. Warum ist es so schwierig, alles ordnungsgemäß auszugleichen? Warum funktioniert diese Zeile nicht? Diese Zeile stellt eine außergewöhnliche Besonderheit dar. Die Zahlen des pythagoreischen Tripels (45, 60, 75) haben gemeinsame Faktoren. Sie alle können durch 15 dividiert werden, woraus sich das Ergebnis (3, 4, 5) ergibt, dem die Werte $p = 2$, $q = 1$ zuzuordnen sind.

Sicher ist jedoch, dass das Rätsel nicht gelöst wurde. Es bleiben zu viele unbeantwortete Fragen: Warum wurden diese Werte von p und q ausgewählt und keine anderen? Und welche Rolle spielt die erste Spalte in dieser Geschichte?

Die Erklärung von R. Creighton Buck

1980 schlug der Mathematiker R. Creighton Buck eine Erklärung vor, die auf der Trigonometrie basiert. Er fertigte skalierte Zeichnungen aller rechtwinkligen Dreiecke an, die in der Tabelle auftauchen, wobei der Wert aus Spalte II für den kurzen Schenkel, der Wert aus Spalte VI für den langen Schenkel und der Wert aus Spalte III für die Hypotenuse steht. Der Winkel zwischen dem langen Schenkel und der Hypotenuse ist nachfolgend angegeben. Sie erkennen, irgendwie überraschend, dass die Schenkel im ersten Dreieck praktisch dieselbe Länge haben, und dass der von ihnen gebildete Winkel damit etwas kleiner als 45° war. Von diesem Punkt an nehmen die Winkel in streng abnehmender Reihenfolge um jeweils ca. 1 Grad ab.

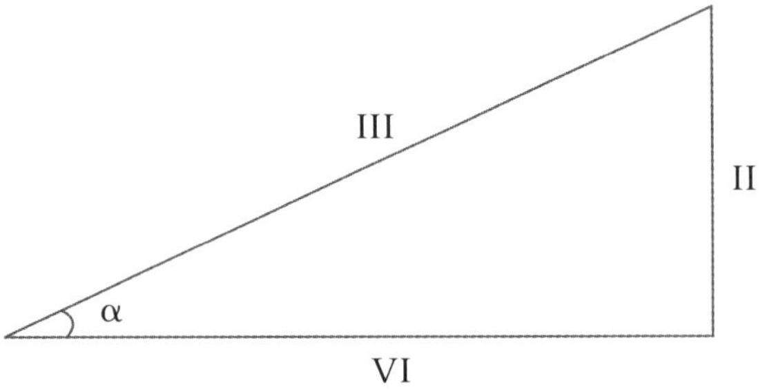

$$\text{Spalte I} = \left(\frac{\text{Spalte II}}{\text{Spalte VI}}\right)^2 = (\tan\alpha)^2.$$

Die Spalten II, III und VI in der Tabelle kennzeichnen ein rechtwinkliges Dreieck, während Spalte I das Ergebnis dieser mathematischen Operation ist.

VII α
44,76°
44,25°
43,78°
43,27°
42,08°
41,54°
40,31°
39,77°
38,71°
37,43°
36,87°
34,97°
33,86°
33,26°
31,89°

Die Werte der Winkel der fünfzehn rechtwinkligen Dreiecke, die unter Verwendung der Spalten II, III und VI der Tabelle gebildet werden können.

Basierend auf all diesen Informationen wagte Buck vorzuschlagen, dass Spalte I dem Quadrat des Tangens dieses Winkels entsprach. Damit demonstrierte Plimpton 322, dass zum Zeitpunkt ihrer Entstehung die trigonometrischen Funktionen bereits bekannt waren. Diese Hypothese ist jedoch schwer zu halten, da wir derzeit keinen Beleg aus anderen Dokumenten derselben Zeit haben, dass trigonometrische Funktionen verwendet wurden, um Probleme zu lösen. Nicht selten ist es für Historiker zu schwierig, den Wissensstand einer bestimmten Kultur basierend auf verfügbaren dokumentarischen Belegen präzise zu definieren. Es besteht immer die Tendenz, dass einige übertreiben, während andere untertreiben.

Die Tafel bleibt jedoch ein Fakt. Alle Werte von p und q sind in Produkte aus 2, 3 und 5 zerlegbar. Das bedeutet aus mathematischer Perspektive, dass die Inversen von p und q immer eine endliche Anzahl an Dezimalstellen im sexagesimalen System haben. Ist dies der Grund, warum diese Werte für p und q gewählt wurden, und keine anderen?

Die Interpretation von Eleanor Robson

Im Februar 2002 überraschte die britische Forscherin Eleanor Robson die Wissenschaftsgemeinde mit einer neuen Interpretation der Tafel. Schließlich ist es vielleicht doch nicht so klar, dass Plimpton 322 eine Liste pythagoreischer Tripel auflistet. Laut Robson hätte der Autor der Tafel auch Mathematiklehrer sein können, der sie als Unterrichtshilfe hätte verwenden können, um einen bestimmten Typ von Polynomgleichungen zweiten Grades zu lösen. Um ihre Hypothese zu stützen, verwendete sie den Inhalt einer weiteren Tafel aus etwa derselben Zeit, namens YBC 6967.

Diese Tafel bietet eine detaillierte Beschreibung einer Methode zur Lösung von Gleichungen in der Form $x - \frac{1}{x} = c$. Die Methode berechnet eine Folge von Zahlen, die als Zwischenwerte dienen, um die Lösung für das Problem zu finden:

$$a_1 = \frac{c}{2}, a_2 = a_1^{\,2}, a_3 = 1 + a_2, a_4 = a_3^{\,1/2}.$$

Basierend darauf kann man leicht Folgendes berechnen:

$$x = a_4 + a_1, \frac{1}{x} = a_4 - a_1.$$

Laut Robson folgt Plimpton 322 demselben Schema, mit a_3 in der ersten Spalte, $a_1 = (x - 1/x)/2$ in der zweiten Spalte und $a_4 = (x + 1/x)/2$ in der dritten. Nach dieser Hypothese würden die Werte von x, $1/x$ im verlorenen Teil der Tafel stehen. Dies würde bedeuten, die Tafel ist eine vom Lehrer vorbereitete Liste mit 15 Übungen, mit Werten von x, die alle Produkte von 2, 3 und 5 sind, wobei alle Zwischenwerte bereitgestellt sind, sodass es nicht erforderlich ist, die Berechnungen immer wieder durchzuführen. Ein genialer Plan für eine Schulstunde – genau so, wie sie heute noch von vielen Mathematiklehrern angeboten werden!

Der Satz des Pythagoras in Sumer

Die Arbeit von Robson bringt uns jedoch zu unserem Ausgangspunkt zurück. Wenn Plimpton 322 kein unwiderlegbarer Beweis dafür ist, dass die Sumerer den Satz des Pythagoras kannten, wann wurde dieser zum ersten Mal dokumentiert? Wir können weitere archäologische Entdeckungen in der Hoffnung untersuchen, dass neue Tafeln weitere Hinweise bieten. Angesichts unseres heutigen Wissensstandes ist jedoch auch klar, dass der Satz von Pythagoras in der einen oder anderen Form in der langen Geschichte der mesopotamischen Kultur aufgetaucht sein muss, zumal es dokumentarische Belege dafür gibt.

Es gibt ein Problem aus der späten babylonischen Periode, die jeden Schatten des Zweifels in dieser Frage aufhebt. Der betreffende Text lautet: „Nehmen Sie einen Stock der Länge 0,30 und lehnen Sie ihn gegen eine Wand. Wenn der obere Punkt um 0,06 von der Vertikalen nach unten rutscht, wie lang ist dann die Strecke längs des Bodens?" In moderne Notation übersetzt, wäre der Stock 0,5 lang und sein oberer Punkt wäre um 0,1 nach unten gerutscht. Stellt man das Problem zeichnerisch dar, wird klar, dass zwischen dem Stock, der Wand und dem Boden ein rechtwinkliges Dreieck entsteht. Der Stock der Länge 0,5 wäre die Hypotenuse AC, wobei die Wand AB und der Boden BC die beiden Schenkel bildet.

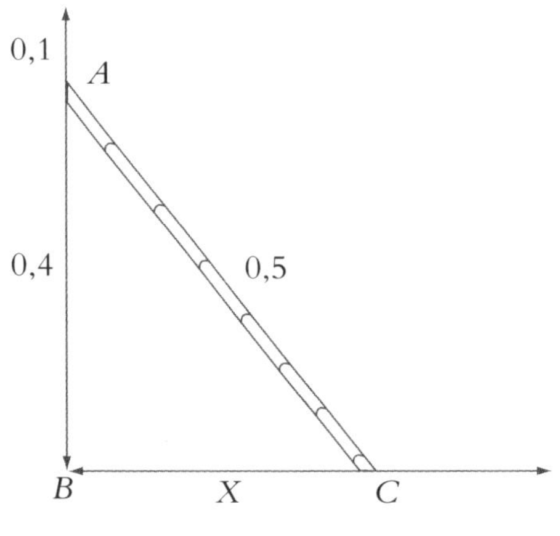

Das rechtwinklige Dreieck, das sich aus dem Stock-Problem der Sumerer ergibt.

Dasselbe Dokument erklärt dann die Schritte für die Lösung. In moderner Notation lautet die Antwort wie folgt:

Quadriere 0,5, um 0,25 zu erhalten.
Subtrahiere 0,1 von 0,5, um 0,4 zu erhalten.
Quadriere 0,4, um 0,16 zu erhalten.
Subtrahiere 0,16 von 0,25, um 0,09 zu erhalten.
Von welcher Zahl ist 0,09 das Quadrat?
Die Antwort lautet 0,3.
Das bedeutet, die Strecke am Boden beträgt 0,3.

Zusammenfassend heißt das: Um den Wert des Schenkels zu bestimmen, wird die Hypotenuse quadriert, der andere Schenkel wird quadriert, und es wird die Quadratwurzel der Differenz berechnet. Dies ist genau die Erklärung, die durch den Satz des Pythagoras entsteht.

Zweifellos wusste der Autor, dass es unabhängig von der Länge des Stocks und seiner Höhe an der Wand eine allgemeine Methode gibt, das Problem zu lösen. Der Autor war außerdem umsichtig bei der Auswahl der Zahlen, sodass das Problem im sexagesimalen Zahlensystem einfach gelöst werden konnte, weil alle Zahlen, die in der Lösung vorkommen, durch Potenzen von 2, 3 und 5 faktorisiert werden können.

Und falls noch Zweifel bestehen sollten: Eines der Probleme, die häufig in der babylonischen Mathematik vorkommen, ist die Berechnung von Quadratwurzeln. Beispielsweise gibt es Belege dafür, dass die Wurzel von 2 mit auffälliger Präzision bekannt war.

All dies deutet darauf hin, dass die mesopotamische Kultur präzises Wissen über die Bedeutung der Lösung von Quadratwurzeln besaß, um die Probleme der damaligen Zeit zu lösen. Es war sogar bekannt, dass einige Quadratwurzeln genau sind, während andere eine scheinbar endlose Anzahl an Dezimalstellen haben, der sich die Mathematiker mit Geduld und Hartnäckigkeit und zunehmender Präzision annähern konnten.

Die Existenz einer schriftlichen Dokumentation ist der offensichtliche Beweis für das Bedürfnis, erworbenes Wissen über die Zeit zu konservieren, sodass neue Generationen von Forschern die Berechnungen perfektionieren, überarbeiten und vervollständigen können. Auf ähnliche Weise, wie Astronomen Aufzeichnungen ihrer Beobachtungen hinterließen, machten auch die Mathematiker ihre Entdeckungen unsterblich. Und das war kein leichtes Unterfangen. Man brauchte eine leistungsfähige Sprache, um Zahlen, Formen, Argumente, Berechnungen usw. kombinieren zu können, damit die Entdeckungen an spätere Generationen weitergegeben werden konnten.

Die indische Mathematik nimmt eine zentrale Stelle ein

In seinem Buch *The Crest of the Peacock* bietet der indische Mathematiker George Gheverghese eine herausragende Analyse des Beitrags, den Indien zur allgemeinen Geschichte der Mathematik geleistet hat, und deren Rolle im spezifischen Fall der Geschichte des Satzes von Pythagoras. Das Industal war in vielerlei Hinsicht von größter Bedeutung. Das fruchtbare Land ermöglichte es, dass dort seit ca. 3.000 v. Chr. verschiedene verstreute Siedlungen entstanden, die sich langsam zu Städten weiterentwickelten. Einige Beispiele für die dort blühenden Zivilisationen sind Mohenjo-Daro, Harappa, Taxila und Lahore. Die Kultivierung von Weizen, Gerste, Baumwolle und Sesam und die Viehzucht versorgten diese Zentren mit den Lebensmitteln, die sie für ihr Überleben brauchten. Damals waren sich die Einwohner dieser Städte bereits der Notwendigkeit bewusst, dass sie das Land organisieren und die Ernten verwalten mussten, um Lebensmittel in Zeiten des Überflusses zu speichern, um Hunger in Notzeiten zu vermeiden – und damit ein Anwachsen der Bevölkerung sicherzustellen. Zeichnen, Messen, Zählen, Wiegen … grundlegende Aufgaben der Geometrie und Arithmetik waren im Tal ebenfalls gebräuchlich.

Die Harappa-Kultur

Leider konnten die Schriften der Harappa-Kultur nie entziffert werden, d. h. wir müssen unser Wissen ausschließlich auf archäologische Entdeckungen begründen. Diese zeigen, dass die Harappa-Kultur ein wohldurchdachtes System von Gewichten und Maßen besaß. Es wurden Gewichte mit einheitlichen Formen und Werten gefunden, die sich über einen Zeitraum von mehr als fünfhundert Jahren kaum änderten. Die Ausgrabungen in Lothal ermöglichten es, die Gewichte in Dezimalmaß-Standards einzuteilen, basierend auf einer Mischung aus der Basis 5 und der Basis 10. Auf diese Weise wurden 27,584 Gramm Gewicht (etwas unter einer Unze) als das grundlegende Element bestimmt, und nachdem diesem Standard der Wert 1 zugeordnet wurde, wurde festgelegt, dass die Werteskala aus den Gewichten aus dem Vielfachen von 0,1, 0,2, 0,5, 1, 2, 5, 10, 20, 50, 100, 200 und 500 vom Standard bestehen sollte. Außerdem mussten Waagen und Instrumente für die Messung von Längen erfunden werden. Das Standardmaß, auch als „Indus-Zoll" bezeichnet, ist ca. 33,5 Millimeter lang.

Die Architektur ihrer Gebäude folgt sehr einheitlichen Richtlinien, womit sie in ihrer Struktur bemerkenswert stabil wurden. Die Kultur interessierte sich außerdem für Geometrie. Steingebäude waren selten, aber man erkannte die praktischen Eigenschaften von gebranntem Lehm. Ziegel hielten im Gegensatz zum nur in der Sonne getrockneten Lehm ohne weiteres Regen und Fluten stand, eine wichtige Eigenschaft während der jährlichen Überschwemmungen urbaren Landes durch den Fluss. Viele dieser Ziegel haben die Zeit überdauert. Sie waren von so außerordentlich guter Qualität, dass man erzählt, der Ingenieur William Brunton habe im 19. Jahrhundert die Ruinen von Harappa ausgegraben, um Ziegel zu finden, die als Bausteine der etwa 150 km langen Eisenbahnlinie zwischen Multan und Lahore Verwendung finden sollten. Es wurden zwar fünfzehn verschiedene Größen von Ziegeln identifiziert, aber alle haben die Proportion 4:1:1, was noch heute als optimal für den Bau betrachtet wird. Arithmetik, Geometrie, Zahlen und Formen bildeten zusammen die Kunst, die Wissenschaft und die Technologie der Harappa-Kultur.

Die vedische Kultur

Gegen 1.500 v. Chr. gab es in Harappa die Invasion einer Viehzüchterkultur, die gleichzeitig mehrere derer Gebräuche übernahm. Die Schafzüchter, auch als Arier bezeichnet, sprachen eine indo-europäische Sprache, Sanskrit. Die ältesten Dokumente der Menschheit sind in dieser Sprache verfasst. Es geht darin um Philosophie, Astronomie, Mathematik, Grammatik, Religion ... alle Dinge, die man als aufzeichnungswert erachtete. Hymnen und Sprachen, Riten und Zeremonien, Formeln und Zaubersprüche ... und auch extrem präzise phonetische Regeln (für eine korrekte Aussprache), Grammatik (für korrektes Schreiben), Maße (für die Beherrschung der Versrhythmik), Astronomie (für die Bestimmung der besten Tage und Zeiten für Opfer, sowie für die Berechnung der Zeit und der Positionen von Sonne und Mond in den verschiedenen *naksatras* – Sternzeichen) und Mathematik (für die Bestimmung von Formen und Flächen von *vedi* – Altären – und der Position der *agni* – heiliger Feuer –, um sicherzustellen, dass sie effektive Opferrituale gewährleisteten). Und auch hier finden wir Dokumente, die den Satz des Pythagoras beschreiben ... wahrscheinlich Jahrhunderte, bevor der griechische Mathematiker überhaupt geboren war.

Sulbasutras und Altäre

Die wichtigsten mathematischen Quellen aus der vedischen Kultur findet man in den *Sulbasutras*, die in *sutras* geschrieben sind. *Sutras* sind eine spezielle Versform, die auf maximaler Kürze basiert, um das Wesen der zu übermittelnden Idee auszudrücken. Ihre Verwendung führte zu der Einrichtung präziser grammatikalischer Regeln der exquisitesten mathematischen Art, und ihr poetischer Stil führt uns zur Definition genauer Regeln für Metrik und Rhythmus. Die *Sulbasutras* diskutieren die Formen und die Maße, die bei Altären eingehalten werden müssen, um die dort getätigten Opfer zu begünstigen. Quadratische und kreisförmige Altäre, die einfach zu zeichnen waren, waren für häusliche Riten ausreichend. Für öffentliche Zeremonien waren jedoch kompliziertere Altäre erforderlich, mit Kombinationen aus Rechtecken, Dreiecken, Trapezen und anderen geometrischen Formen. Einer der öffentlichen Altäre hatte die Form eines Falken, der zum Flug ansetzt, und man war der Meinung, dass ein Opfer auf diesem Altar die Seele der Person, die das Gebet sprach, direkt in den Himmel tragen würde.

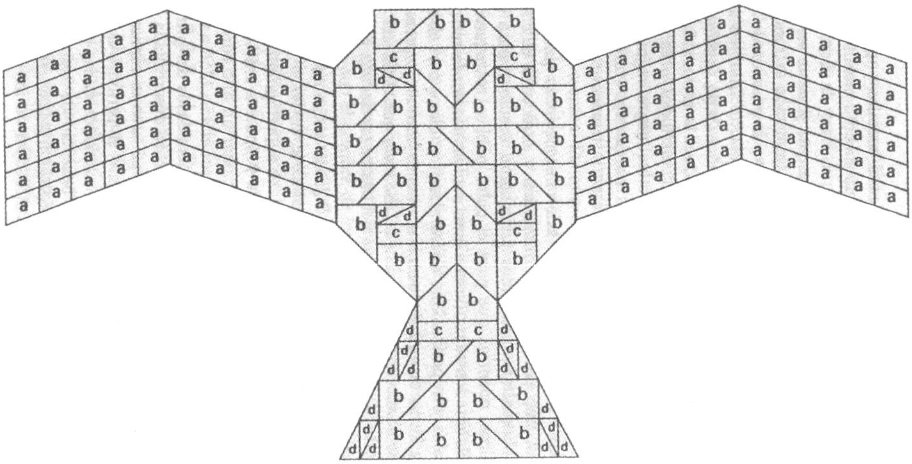

Der vedische Altar in Form eines Falken. Die Buchstaben bezeichnen die verschiedenen Steinarten, die für den Bau verwendet wurden (Quelle: George Gheverghese Joseph, The Crest of the Peacock*).*

Die Fläche des Altars war eine seiner maßgeblichen Eigenschaften. Daraus entspringt auch die Bedeutung von Formeln, die es ermöglichten, eine geometrische Form in eine andere geometrische Form mit derselben Fläche umzuwandeln. Die *Sulbasutras* boten Lösungen für all diese Anforderungen. Die Baudhayana-*Sulbasutra*, die zwischen 800 v. Chr. und 600 v. Chr. entwickelt wurde, enthält eine Formulierung des Satzes von Pythagoras, ein Verfahren für die Berechnung der Wurzel von 2 (korrekt auf fünf Dezimalstellen), ebenso wie eine vollständige Reihe geometrischer Konstruktionen. Dazu gehörten verschiedene Methoden, den Kreis (annähernd) zu quadrieren und Polygone mit Flächen zu zeichnen, die gleich der Summe oder der Differenz von zwei anderen Polygonen waren. Die akribische Genauigkeit der Form und der Maße des Altars war für den Ritus genauso wichtig wie die präzise Aussprache der Gebete (*Mantras*). Später schrieb Apastamba *Sulbasutras*, die die von Baudhayana abgedeckten Themen detaillierter beschrieben, und Katyayana schrieb weitere neue *Sulbasutras*. Beide schufen ihre Arbeit im Jahrhundert von Panini, dem Sanskrit-Grammatiker aus dem 4. Jahrhundert v. Chr.

Baudhayana formulierte eine explizite Darstellung des Satzes von Pythagoras: „Ein Seil (*sulba*), das über die Diagonale eines Quadrats gespannt wird, erzeugt eine Fläche, die doppelt so groß wie die des Originalquadrats ist". Katyayana formuliert es allgemeiner: „Ein Seil [das entlang der Länge] entlang der Diagonalen eines Rechtecks [gestreckt wird], erzeugt eine [Fläche], die durch die Verbindung der horizontalen und vertikalen Seiten erzeugt wird."

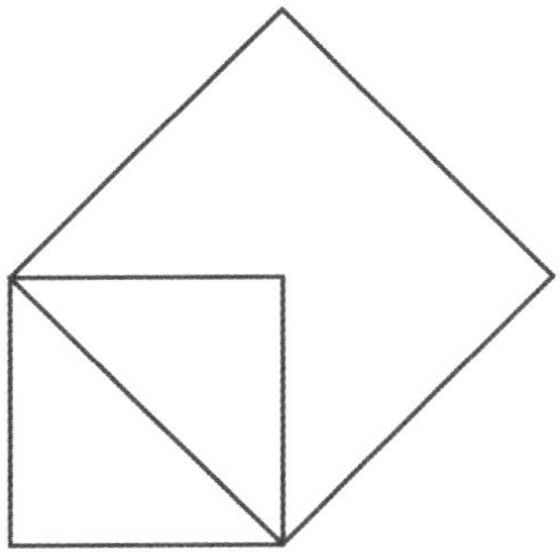

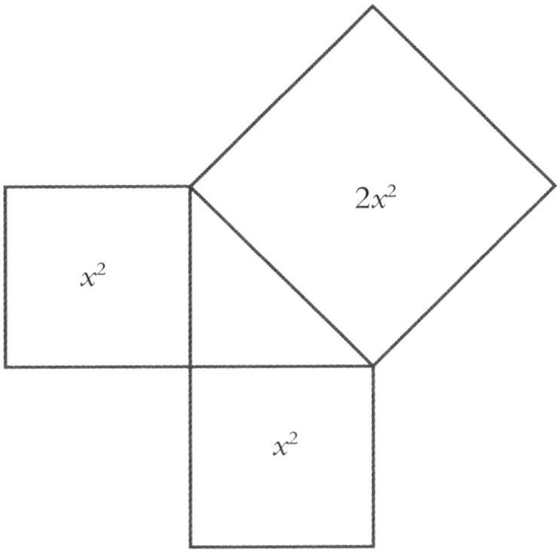

Die Version des Satzes des Pythagoras von Baudhayana. Die über der Diagonalen quadrierte Fläche ist doppelt so groß wie die des Originalquadrats.

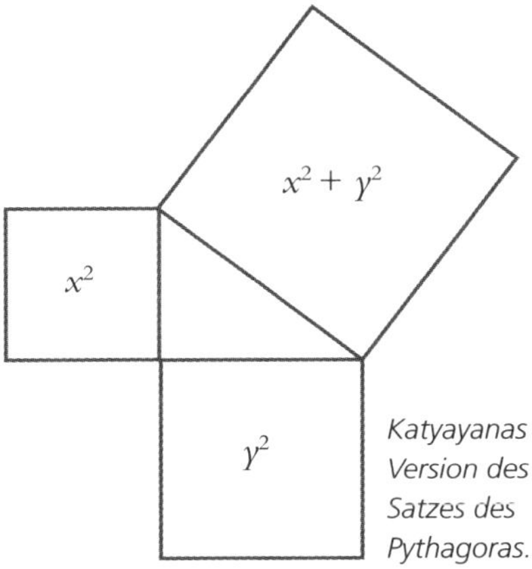

Katyayanas Version des Satzes des Pythagoras.

Dieses Wissen ermöglichte es, die vedischen Altäre mit außergewöhnlicher Genauigkeit zu zeichnen. Betrachten wir beispielsweise den Altar, der als *smasana* bezeichnet wird, und der verwendet wurde, um den Göttern *soma* anzubieten, einen in einen Rausch versetzten Trank. Die Basis wurde benötigt, um präzise Dimensionen zu erhalten. Und die *Sulbasutra* von Apastamba enthält genaue Anweisungen, wie er erstellt werden sollte. Sie lauten in moderner Notation und in den Worten von George Gheverghese wie folgt:

Markiere unter Verwendung eines Seils XY, was genau 36 *padas* lang ist.
Füge entlang dieser Linie die Punkte P, Q und R ein, sodass XP, XR und XQ gleich 5, 28 und 35 *padas* lang sind. Zeichne Senkrechten in X und Y.

Nutze die Tatsache, dass die Dreiecke *APX*, *DPX*, *BRY* und *CRY* rechtwinklige Dreiecke sind, mit Seiten in ganzen Zahlen, um die Punkte *A*, *B*, *C* und *D* zu finden. Mit anderen Worten, mache *AXD* 24 *padas* und *BYC* 30 *padas* lang. Wenn die Konstruktion korrekt ist, sollten sie sich am Punkt *O* auf *XY* schneiden.

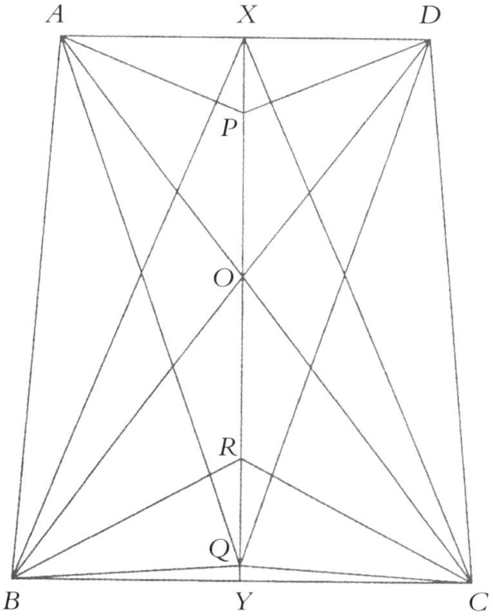

$AX = XD = 12$ *pada.*
$BY = YC = 15$ *pada.*
$XP = 5$ *pada.*
$PR = 23$ *pada.*
$RQ = 7$ *pada.*
$QY = 1$ *pada.*
$XY = 36$ *pada.*

Abmessungen für den Smasana-Altar (Quelle: George Gheverghese Joseph, The Crest of the Peacock*).*

Nach diesen Anweisungen erhalten wir mehrere pythagoreische Tripel:

ΔAPX und ΔDPX mit den Seiten 5, 12, 13.
ΔAOX und ΔDOX mit den Seiten 12, 16, 20.
ΔAQX und ΔDQX mit den Seiten 12, 35, 37.
ΔBRY und ΔCRY mit den Seiten 8, 15, 17.
ΔBOY und ΔCOY mit den Seiten 15, 20, 25.
ΔBXY und ΔCXY mit den Seiten 15, 36, 39.

Da die Seiten der Dreiecke ganzzahlige Längen aufweisen, können sie mit außergewöhnlicher Genauigkeit gezeichnet werden. Als ob das jedoch noch nicht genug wäre, ist die Konstruktion voll mit zusätzlichen pythagoreischen Dreiecken, womit es möglich war, mit noch höherer Genauigkeit zu arbeiten. Zweifellos sowohl außergewöhnlich als auch wunderschön. Tatsächlich gab es viele andere Tripel, die für den Entwurf zahlreicher Altäre verwendet wurden, womit deutlich wird, dass die vedischen Menschen den Satz von Pythagoras perfekt beherrschten und anwendeten. Für sie war es normal, Probleme zu lösen, bei denen es erforderlich war, „zwei gleiche oder ungleiche Quadrate zu kombinieren, um ein drittes zu erhalten“. Auf diese Weise konnten sie einen Altar bauen, der die Summe der beiden anderen war. Die *Sulbasutras* erzeugen die Lösung. In moderner Notation erhalten wir:

> Seien *ABCD* und *PQRS* die Quadrate, die wir kombinieren wollen.
> Sei $DX = SR$.
> Dann ist die Fläche des Quadrats auf *AX* gleich der Summe der Flächen der Quadrate *ABCD* und *PQRS*.

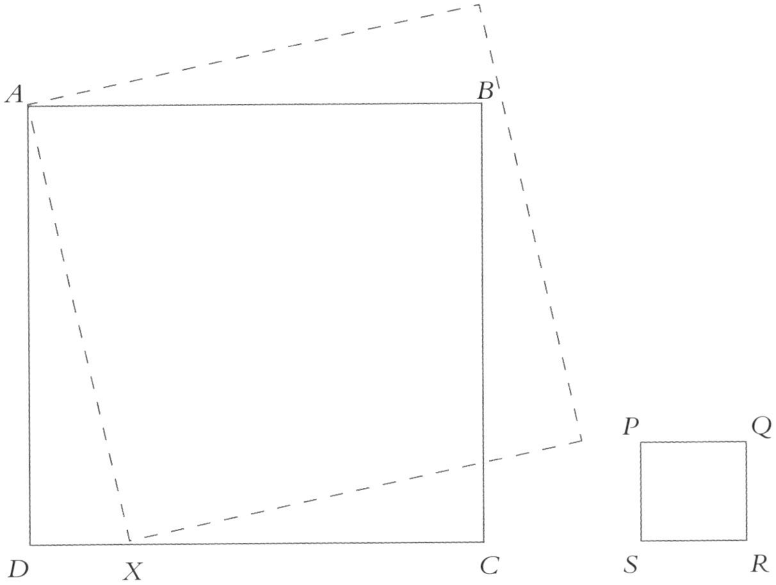

Diese Abbildung zeigt deutlich den im Text beschriebenen Vorgang und entspricht damit offensichtlich dem Satz des Pythagoras, $AD^2 + SR^2 = AX^2$ *(Quelle: George Gheverghese Joseph,* The Crest of the Peacock*).*

Zweifellos war sich der menschliche Geist seit alters her der Schönheit von Geometrie und Arithmetik bewusst. Er muss von Anfang an von den geradlinigen und gekrümmten Formen fasziniert gewesen sein. Es war klar, dass in dieser Welt das rechtwinklige

Dreieck bald schon eine privilegierte Rolle spielen würde. Ein entlang der Diagonalen unterteiltes Rechteck bildet zwei rechtwinklige Dreiecke. In der Arithmetik müssen die natürlichen Zahlen, die zum Zählen verwendet wurden, ebenfalls eine privilegierte Stellung eingenommen haben. Eines Tages wurde festgestellt, dass es möglich war, rechtwinklige Dreiecke mit Seiten mit ganzzahligen Längen zu zeichnen. Die Entdeckung, dass die Summe der Flächen auf den Seiten gleich der Fläche auf der Hypotenuse war, muss tatsächlich etwas sehr Besonderes gewesen sein.

Eine kostbare und bemerkenswerte Eigenschaft einer kostbaren und bemerkenswerten Form war entdeckt. Die Schönheit rechtwinkliger Dreiecke war so wichtig, dass sie an zukünftige Generationen weitergegeben wurde, bis hin zu Pythagoras, der sie auf einer seiner Reisen nach Ägypten oder Mesopotamien entdeckte und davon fasziniert war, so wie wir noch heute davon fasziniert sind. Jedenfalls verliebte er sich in die Schönheit von Zahlen und Formen und erklärte schließlich, dass die Welt mathematisch sei. Das genaue Datum und die Entdeckung dieses Satzes sind derzeit ein Geheimnis, und es ist sehr wahrscheinlich, dass es niemals ein genaues Datum geben wird, und dass diese Entdeckung auch nicht von einer Person allein gemacht wurde. Vielleicht wurde er von mehreren verschiedenen Personen aus unterschiedlichen Kulturen entdeckt. Jedenfalls gibt es ihn, den Satz vom rechtwinkligen Dreieck. Vielleicht wäre dies der bessere Name für einen solchen wunderbaren Satz.

Kapitel 3

Fermat, ein ernstzunehmender Anwalt

Ich, der nicht von Berufs wegen Mathematiker bin, aber der, wann immer dafür Zeit ist, die Studien der Mathematik genießt …
François Viète

Die Theorie des rechtwinkligen Dreiecks bestätigt, dass die Summe der Quadrate der kürzeren Seiten gleich dem Quadrat der Hypotenuse ist. In moderner Notation würden wir sagen $x^2 + y^2 = z^2$. Wie wir im vorigen Kapitel gesehen haben, gibt es schon seit frühester Zeit ganzzahlige Lösungen für diese Gleichung. Später sollten diese Lösungen als „pythagoreische Tripel" bezeichnet werden. Mit diesen Lösungen konnten ganz einfach rechtwinklige Dreiecke mit Seiten ganzzahliger Länge gezeichnet werden. Später wurden sogar Formeln entwickelt, um alle pythagoreischen Tripel zu finden, und es stellte sich heraus, dass es unendlich viele davon gibt.

Fermat nun änderte die Potenz 2 durch eine andere Potenz: 3, 4, 5… Es schien keinen großen Unterschied zu machen, jedenfalls keinen, den man sich hätte vorstellen können. Es waren jedoch Tausende von Jahren vergangen, seit der Satz des rechtwinkligen Dreiecks entdeckt worden war, als Fermat diese Veränderung vornahm. Überraschend daran ist, dass er für keine der Potenzen auch nur eine ganzzahlige Lösung gefunden hätte. Unglaublich. Er muss Stunden um Stunden damit verbracht haben, bis er schließlich endgültig erkannte, dass es keine solchen Lösungen gab, und dass er dies beweisen konnte. Er erklärte also seine Theorie und ruhte sich aus, bis er sie schließlich aufschrieb. Wer war Fermat? Wie kam er auf diese Idee? Was wollte er demonstrieren? Und warum hat er es nicht aufgeschrieben?

Das Leben von Fermat ist ein großes Mysterium. Er war ein isolierter Mathematiker, dessen einziges Kommunikationsmittel mit seinen Freunden und für die Weitergabe seiner Erkenntnisse Briefe waren. Ein Liebhaber der Mathematik, der überraschende und wunderbare Dinge entdeckte, ein Genie, das es genoss, Herausforderungen für die anderen Mathematiker jener Zeit zu formulieren, von denen er vorgab, die Lösungen zu kennen, die er jedoch selten veröffentlichte. Viel ist über ihn erzählt worden, aber in Wirklichkeit wissen wir sehr viel weniger über ihn, als wir eigentlich wissen sollten.

Diese Skulptur von Pierre de Fermat, geschaffen 1898 von Charles Barrau, ist im Gemäldesaal des Kapitols in Toulouse ausgestellt (Foto: GFDL Nicolas Guerin).

Geburtsort, Familie und Ausbildung

Schon Fermats Geburtsdatum ist unklar. Oft wird der 20. August 1601 in Beaumont de Lomagne angegeben, im Department Tarn et Garonne in Südfrankreich. Diese Angabe, 1844 von Louis Taupiac gemacht, geht davon aus, dass Fermat der Sohn von Dominique Fermat war, bürgerlicher zweiter Konsul von Beaumont, und Claire de Long, Tochter von Clément de Long, Lord von Barés. Gemäß der Sterbeurkunde, die in den Archiven der Villa von Fermat aufbewahrt wird, starb er jedoch am 12. Januar 1665, und der im Musée des Augustins in Toulouse gezeigte Epitaph zeigt die Information, dass er im Alter von 57 Jahren gestorben ist. Offensichtlich passt dies nicht zusammen, weil das Geburtsjahr von Fermat dann 1608 sein müsste.

1980 veröffentlichte Abbot Dugros eine andere Theorie. Laut ihm war Fermat der Sohn von Dominique Fermat und Françoise Cazeneuve, der Tochter eines wohlhabenden Kunsthändlers am Rande von Beaumont. Seine Hypothese basiert auf der Tatsache, dass Dominique 1603 Françoise heiratete, aber 1607 war er mit Claire de Long verheiratet.

2002 widmete sich Pierre Gairin erneut dem Problem und beschäftigte sich mit einer sorgfältigen Untersuchung des Stammbaums der Familie Fermats, um eine überzeugende Antwort zu finden. Es wurden neue Daten gefunden, die die Frage jedoch wieder offenließen. Man wartet immer noch auf neue Beweise. Fermat könnte der Sohn von Claire de Long sein, der Tochter einer französischen Adelsfamilie, und er könnte gegen 1605 oder wahrscheinlicher 1606 geboren sein. Seine Grabinschrift bietet jedoch immer noch keine sichere Erklärung.

Es scheint, als hätte Fermat einen Bruder und zwei Schwestern gehabt, und dass er bereits von frühen Jahren an eine Ausbildung vom Franziskaner Friars of Grandselve erhalten hat. Sehr viel mehr ist über seine Kindheit nicht bekannt. Sein ganzes Leben lang war er jedoch seinem Geburtsort stark verbunden und weigerte sich, sich von der Romantik von Paris beeindrucken zu lassen.

Das zweite Geheimnis, das Fermat umgibt, ist seine Ausbildung. Sein Wissensdurst ist unbestreitbar. Er übersetzte die Klassiker, verfügte über hervorragende Kenntnisse in Latein und Griechisch, und sein mathematisches Wissen war unbestritten. Aber wo hat er Mathematik gelernt? Hat er an einer Universität studiert? Hat ihn ein Freund unterrichtet? Es gibt Zweifel über die Ausbildung und die berufliche Karriere Fermats, aber aus einigen Kommentaren in seinen Briefen können bestimmte Dinge abgeleitet werden. In seiner Jugend besuchte er die Universität Toulouse, um seine Studien zu vervollständigen. Seine Absicht, und sicher auch die seiner Familie, war es, Jura zu studieren, woraus sich eine sehr prestigeträchtige Karriere ergeben hat, die nach einer soliden Ausbildung viele Türen öffnete und die die Möglichkeit bot, Mitarbeiter am Gericht zu werden.

Mathematische Zirkel

Später ging Fermat nach Bordeaux, wo er gemäß einiger Biografien als Rechtsanwalt arbeitete und wo er, wahrscheinlich im August 1626, Jean Beaugrand traf, der zu einem Zirkel angesehener Mathematiker gehörte, die sich dort regelmäßig trafen. Anfang des 17. Jahrhunderts erkannte die Wissenschaftsgemeinschaft die Vorteile, ihre Ideen zu teilen, und man begann mathematische Netzwerke zu gründen, die eine regelmäßige Kommunikation unterhielten. Es wurden Fragen gestellt, Lösungen vorgeschlagen, Methoden erklärt, neue Gedanken vorgestellt usw. Bordeaux war eines der Zentren, in denen diese Ideen überschäumten, wo Talente stimuliert wurden und höchste Kreativität vorhanden war. Diese Umgebung zog zweifellos auch die Aufmerksamkeit des jungen Fermat an.

Beaugrand zeigte sich immer stolz gegenüber seinen Freunden, Fermat entdeckt zu haben. Er war eine der Personen, die am meisten dazu beigetragen haben, seine Arbeiten bekannt zu machen. Beaugrand wurde schließlich zu einem Mitglied der politischen Klasse in Paris und ganz allgemein für seine mathematische Kompetenz anerkannt. Man sagt sogar, er sei ein Schüler Viètes gewesen. In Paris besuchte er eine Gruppe Mathematiker, die sich mit Marin Mersenne trafen, dem er immer erklärte, dass er neben seinen eigenen Erkenntnissen auch diejenigen von Fermat vertrat. Um Mersenne kennenzulernen, musste man zu dieser Zeit in der Welt der Mathematik bekannt sein. Beaugrand reiste außerdem nach Italien. Wie jeder mathematische Tourist wollte er dort Cavalieri in Bologna, Castelli in Rom und Galileo in Arcetri nahe Florenz besuchen. Alle von ihnen behielten eine fruchtbare Korrespondenz aufrecht, nachdem er nach Paris zurückgekehrt war. Und immer erzählte er allen von seinem Freund Fermat.

Porträt von Galileo Galilei, *gemalt 1636 von Justus Sustermans. Der italienische Wissenschaftler kannte die Arbeiten Fermats durch einen gemeinsamen Freund, Jean Beaugrand.*

FRANÇOIS VIÈTE

François Viète wurde 1540 in Fontenay-le-Comte geboren. Er war von Beruf Anwalt, genau wie Fermat, aber seine Leidenschaft galt der Mathematik. Als Nachhilfelehrer eines jungen Mädchens, Catherine von Parthenay, begann er sich mit Astronomie zu beschäftigen, da seine Schülerin sich für dieses Fach interessierte. Nachdem er in die Dienste König Heinrichs IV. von Frankreich eingetreten war, entzifferte er den Code, den die Truppen Philipps II. für ihre Kommunikation nutzten, und knackte damit einen Schlüssel von mehr als 500 Symbolen, den die Mathematiker am spanischen Hofe als unüberwindlich eingeschätzt hatten. Als die Spanier dies herausfanden, schickte Philipp II. eine Beschwerde an Papst Pius und beschuldigte Heinrich IV., schwarze Magie einzusetzen, um seine Armeen zu besiegen.

Man sagt, Viète habe sich so stark konzentrieren können, dass er oft drei Tage ohne Unterbrechung forschte, ohne zu essen oder zu schlafen. Eine der bekanntesten Anekdoten über ihn stammt von Tallemant des Réaux: „In Zeiten Heinrichs IV. veröffentlichte ein Niederländer namens Adrianus Romanus, gelernter Mathematiker, aber nicht so gut, wie er dachte, eine Abhandlung, in der er allen Mathematikern Europas eine Frage stellte. In einem Teil listete er sogar alle Mathematiker in Europa auf, allerdings keine Franzosen. Kurz danach kam ein Botschafter des Staates zum König in Fontainebleau. Der König zeigte ihm voller Freude alle Sehenswürdigkeiten und erklärte, dass es in jedem Beruf hervorragende Leute in seinem Reich gäbe. „Aber Sire," sagte der Botschafter, „laut Adrianus Romanus haben Sie keinen Mathematiker, weil er keinen in seinem Katalog aufgelistet hat." „Doch, wir haben einen," sagte der König. „Ich habe einen hervorragenden Mann. Sucht Monsieur Viète!", befahl er. Viète, der in Fontainebleau war, erschien sofort. Der Botschafter schickte nach dem Buch von Adrianus Romanus und zeigte Viète, der in der Galerie angekommen war, die Aufgabe. Noch bevor der König herauskam, hatte dieser schon zwei Lösungen mit einem Bleistift notiert. Bereits am Abend hatte er dem Botschafter viele weitere Lösungen geschickt mit dem Kommentar, er könne beliebig viele Lösungen schicken, weil dies eine der Aufgaben mit unendlich vielen Lösungen sei."

Adrianus Romanus forderte, eine Gleichung 45. Grades zu lösen, in der Viète sofort das zugrundeliegende trigonometrische Verhältnis erkannte. Jetzt bestimmte er die anderen 22 positiven Lösungen, die einzig zulässigen zu dieser Zeit. 1595 veröffentlichte Viète seine Antwort auf die von Adrianus Romanus gestellte Frage und stellte seinerseits eine Aufgabe, die von Apollonius herrührte, nämlich eine Kreistangente für drei gegebene Kreise zu finden. Viète selber hatte deren Lösung bereits gefunden.

In Bordeaux traf sich Fermat auch mit D'Espagnet, Philon und Prades. Die Gespräche mit ihnen erweiterten seinen mathematischen Horizont und er lernte zahlreiche Persönlichkeiten aus der Welt der Wissenschaft kennen. Mit Hilfe von Étienne d'Espagnet, Jurist im Parlament von Bordeaux, machte er sich mit den Arbeiten und Notationen von Viète vertraut. Der Vater von D'Espagnet war der erste Präsident des Parlaments von Bordeaux und ein Freund von Viète. Es muss darauf hingewiesen werden, dass die Weitergabe von Wissen zur damaligen Zeit stark davon abhängig war, welche Freunde und Kontakte man hatte.

Bordeaux war außerdem die erste Stadt, in der die mathematischen Veröffentlichungen Fermats betrachtet werden konnten und wo er seine ersten Arbeiten schuf, wie beispielsweise die Wiederherstellung des *Plane Loci* von Apollonius (*Apollonii Pergaei Libri Duo de Locis Planis Restituti*), die Methode der Maxima und Minima (*Methodus ad Disquirendam Maximam et Minimam et de Tangentibus Linearum Vurvarum*), sowie verschiedene Forschungsarbeiten zu den magischen Quadraten.

Karriere in Politik und Verwaltung

Nach seinem Aufenthalt in Bordeaux zog Fermat nach Orléans um, wo er sein Jurastudium abschloss und schließlich nach Toulouse, wo er eine brillante Berufskarriere begann. Am 14. Mai 1631 wurde er zum Anwalt am Appellationsgericht von Toulouse und der höheren Kammer ernannt, wo öffentliche Angelegenheiten debattiert wurden. Am 30. Dezember 1634 wurde er zum Anwalt für den Obersten Gerichtshof ernannt, und 1638 nahm er die Position eines Anwalts am Hofe ein. Im August 1648 wurde er zum Anwalt der Chambre d'Edit ernannt, und 1654 las er seinen ersten Bericht an der höchsten politischen Kammer. Insgesamt machte Fermat eine vollständige Karriere als Jurist und nahm Positionen mit maßgeblicher Verantwortung ein. Aufgrund dieser

DIE FAMILIE FERMAT

Eineinhalb Monate nachdem er zum Regierungsbeauftragten ernannt worden war, heiratete Fermat am 1. Juni 1631 eine Cousine seiner Mutter, Louise de Long. Das Paar hatte fünf Kinder: Clément-Samuel, der Beamter wurde wie Fermat selbst und einen Großteil der Arbeiten seines Vaters veröffentlichte; Jean, der Erzdiakon in Fimarens wurde; Claire, die heiratete und deren Enkelsohn Jean Gaillard als Botschaftsrat Nachfolger von Jean François, dem Sohn Samuels, wurde; und Catherine und Louise, die sich beide der Religion verschrieben.

Positionen wurde ihm das Recht zuerteilt, seinen Namen in den edleren Namen Pierre de Fermat zu ändern.

Es kann sein, dass seine Karriere zum Teil durch die Seuche begünstigt wurde, die die Region um 1650 traf und die zahlreiche Opfer forderte. So viele Tote in so kurzer Zeit müssen zahlreiche freie Stellen in der Magistratur hinterlassen haben, wo Erfahrung von großem Wert war. Aus diesem Grund wurden die Positionen normalerweise mit älteren Personen besetzt. Die Verwirrung war sogar so groß, dass 1653 fälschlicherweise der Tod Fermats gemeldet wurde. Man berichtete, er sei ebenfalls der Seuche zum Opfer gefallen. Diese Information wurde später natürlich korrigiert.

Es gibt unterschiedliche Meinungen im Hinblick auf die Sorgfalt, mit der Fermat seine Arbeit erledigte. Einerseits berichtet 1664 der Anwalt Pierre Saporta: „Ich möchte über Ihr Urteil im Hinblick auf Angelegenheiten des Palasts, in dem Sie einen Großteil Ihres Lebens verbracht haben, und wo Sie mit größter Integrität und solcher Autarkie in der Administration der Gerechtigkeit gearbeitet haben, sagen, dass es ganz und gar erstaunlich ist, dass Sie die Qualitäten eines großartigen Richters erworben haben, und gleichzeitig ein uneingeschränktes Verständnis für so viele andere Dinge besitzen, die sich so sehr von diesem Bereich unterscheiden.“ Man muss dazu wissen, dass Saporta

Jean Baptiste Colbert in einem Porträt von Claude Lefebvre aus dem Jahr 1666. Als Finanzminister König Ludwigs XIV. berichtete er nicht gerade wohlwollend über die Arbeit Fermats als Magistrat.

ein Freund von Fermat war, und dass er ihm seine französische Übersetzung der Arbeit von Torricelli über die Bewegung von Wasser gewidmet hatte, die im selben Jahr veröffentlicht wurde. Andererseits berichtet 1663 Jean-Baptiste Colbert: „Appellationsgericht zu Toulouse. Fermat, ein Mann höchster Gelehrsamkeit, hat Kontakt mit Männern der Lehre auf der ganzen Welt. Er ist jedoch mit den Gedanken woanders und kümmert sich nicht recht um seine Fälle." Dieses Dokument war Teil eines geheimen Berichts über die Justiz von Colbert, dem damaligen Finanzminister von König Ludwig XIV., der im Allgemeinen sehr streng zu allen Richtern war. Berücksichtigt man die Tatsache, dass Fermat nicht zu den Freunden des Premierministers Gaspard de Fiubet gehörte, ist es kaum überraschend, dass dieser Bericht in keiner Weise schmeichelhaft war.

In jedem Fall scheint es, als hätte Fermat zuverlässig gearbeitet und so weit als möglich versucht, keine Probleme zu bekommen. Es war keine einfache Arbeit, zumal Frankreich eine Zeit politischer Unruhen durchlebte. Auf der einen Seite gab es Spannungen zwischen den Katholiken und den Hugenotten, auf der anderen Seite ständige Kämpfe um die Macht. Es ist die Zeit von Kardinal Richelieu und Kardinal Mazarino sowie die Zeit der mächtigen Musketiere. Befand man sich an einem Tag noch auf der einen Seite, fiel man am nächsten Tag der anderen in die Hände. Es war schwierig, ein Gleichgewicht zwischen den beiden zu bewahren. Und genau davon wurden die Aktivitäten

Kardinal Richelieu in La Rochelle auf dem Ölgemälde von Henri Motte aus dem Jahr 1881. Die Belagerung des Hugenottenforts fand 1629 statt und ist eins von vielen Beispielen für die turbulenten Zeiten, in denen Fermat lebte.

Fermats natürlich geleitet. Er hatte keinerlei Machtambitionen, deshalb vermied er es wahrscheinlich, nach Paris zu gehen, und er konzentrierte seine Aktivitäten auf kleinere Städte. Er bewegte sich selten weit von den Stätten seiner Kindheit weg (1638, 1644 und 1645, 1648 und 1649, 1655 und 1656, 1663 und 1664 war er Richter in Castres, einer kleinen Stadt ein paar Kilometer von Beaumont de Lomagne).

Andererseits tendierte Fermat auch nicht dazu, sich in der Mittelschicht seiner Zeit zu bewegen. Seine Position als Richter verlangte, dass er sorgfältig Abstand von denjenigen halten musste, die eines Tages bei ihm vor Gericht stehen könnten, um ihm Rede und Antwort zu stehen. In gewisser Weise muss Fermat sehr einsam gewesen sein. Während andere Menschen seines Berufsstands in ihrer Freizeit gerne über das Gericht und die Justiz schrieben, widmete er seine gesamte Zeit der Mathematik.

Der „Prinz der Amateure" und Pierre de Carcavy

Fermat beschwerte sich ständig über seinen Mangel an Zeit. Im Juni 1640 schrieb er seinem Freund Mersenne: „Ich muss mich mit so vielen Sorgen beschäftigen, dass ich kaum noch Zeit für andere Dinge habe...", und später, im März 1641: „Die Sorgen über Prozesse, mit denen wir uns beschäftigen müssen, verhindert, dass ich die Dokumente, die Du mir freundlicherweise geschickt hast, in Ruhe lesen kann." Trotzdem widmete er jede freie Minute der Mathematik und teilte diese Leidenschaft mit anderen Kollegen seines Berufsstands sowie mit anderen Mathematikern auf der ganzen Welt. Fermat ist ein gutes Beispiel für die Tatsache, dass es möglich ist, Beruf und Hobby auf höchster Ebene zu kombinieren. In dieser Hinsicht war er zu seiner Zeit nichts Außergewöhnliches. Viele seiner Berufskollegen waren gleichzeitig auch gute Mathematiker und machten einige bemerkenswerte Entdeckungen. Auffällig bei Fermat ist die Menge und die Qualität seiner Entdeckungen, die ihm den Titel „Prinz der Amateure" einbrachten. Der amerikanische Autor Julian Coolidge schloss ihn jedoch aus seinem gefeierten Verzeichnis der Amateur-Mathematiker aus, weil er ihn als „Profi" betrachtete.

In Toulouse traf Fermat Pierre de Carcavy, Anwalt am Appellationsgericht von Toulouse zwischen 1632 und 1636 und ein großer Liebhaber der Mathematik. Diese Freundschaft spielte eine grundlegende Rolle im mathematischen Leben von Fermat. Obwohl Carcavy keine spezielle akademische Ausbildung hatte und seine mathematischen Erkenntnisse keine größere Rolle spielten, ist die Korrespondenz, die er mit vielen Wissenschaftlern der damaligen Zeit unterhielt, ebenso wie sein breitgefächertes Wissen erwähnenswert. Unter anderem unterhielt Carcavy sein Leben lang eine fleißige Korrespondenz mit Fermat, Huygens, Pascal, Descartes, Mersenne, Galileo und Torricelli

Descartes, hier auf einem Porträt von Frans Hals aus dem Jahr 1649, interessierte sich als einer der wichtigsten Philosophen des 17. Jahrhunderts immer sehr für Mathematik und unterhielt eine Korrespondenz mit zahlreichen Persönlichkeiten seiner Zeit.

– und vielen anderen. Es muss berücksichtigt werden, dass viele Entdeckungen nie reif zur Veröffentlichung wurden, und dass die einzige Möglichkeit, davon zu erfahren, die Briefe ihrer Schöpfer waren. Menschen, die neue Theorien und Methoden erschufen, waren sehr wichtig für den Fortschritt der Mathematik, aber diejenigen, die sich die Zeit nahmen sie zu verbreiten, waren ebenso wichtig. In diesen Briefen wurden nicht nur die Ergebnisse weitergegeben, sondern auch Kommentare und Vorschläge neuer Ideen, die später in anderen Arbeiten wieder aufgegriffen wurden. Das Leben in der damaligen Zeit muss sehr aufregend gewesen sein, zumal jeder Brief unzählige neue Ideen enthalten konnte, oder einen Anreiz, sich wieder an die Arbeit zu machen. Es konnte jedoch mehrere Wochen dauern, bis die Briefe ihr Ziel erreicht hatten, wenn sie nicht schon unterwegs verloren gingen. Es war ein anderer Lebensrhythmus, und die Geschwindigkeit des Postverkehrs war mit der einer E-Mail nicht zu vergleichen.

1636 kaufte Carcavy eine Anwaltskanzlei am Grand Court von Paris und zog in die Hauptstadt. Fermat setzte seine Korrespondenz mit ihm fort und sandte ihm viele seiner Arbeiten. In Paris traf Carcavy auch Mersenne, eine Schlüsselfigur in der Geschichte der Mathematik und der Wissenschaft, von Angesicht zu Angesicht.

Marin Mersenne

1588 in einer armen Familie geboren, meldete sich Marin Mersenne im Alter von 16 Jahren bei La Flèche an, einer Jesuitenschule, die ein Modell für die Ausbildung von Kindern sein sollte, unabhängig vom Einkommen ihrer Familien. Dies war auch die Schule von Descartes, zu dem Mersenne später eine enge Beziehung unterhielt. Später ging er nach Paris an das Collège Royal du France, um Philosophie zu studieren, und

Der Mönch und Mathematiker Marin Mersenne.

an die Sorbonne, um Theologie zu studieren. 1611 schloss er seine Studien ab. Er beschloss, als Mönch sein Leben den Studien zu widmen, trat dem Orden der Paulaner bei und wurde ein Jahr später zum Priester geweiht. Die Mitglieder seines Ordens waren durch ihre Askese und auch durch ihre außergewöhnliche akademische Bildung bekannt und, aufgrund ihrer Freundlichkeit, als die *guten Menschen*. Die ersten Arbeiten von Mersenne beschäftigten sich hauptsächlich mit der Theologie, aber im Lauf der Zeit begann er, sich für die Naturwissenschaften zu interessieren. Er glaubte fest daran, dass die Mathematik die Grundlage für alle Wissenschaften war, und dass die Kommunikation unabdingbar für den Fortschritt der Wissenschaft und der Mathematik sei. Die Wissenschaftler lebten sehr voneinander isoliert, und viele ihrer Entdeckungen wurden erst Jahre nach ihrem Tod bekannt oder gingen für immer verloren. Mersenne erkannte, dass sehr viel mehr Fortschritt erzielt werden konnte, wenn die Menschen zusammenarbeiteten. Ca. 1623 begann er, eine Gruppe von Wissenschaftlern zu gründen, die sich regelmäßig in seinem Kloster in Paris trafen. Bei diesen Treffen ging es um die Wissenschaft und um Ergebnisse, Berechnungsmethoden und neue Erkenntnisse. Dies war der Ursprung der Academia Parisiensis (auch als Mersennes Zirkel bezeichnet).

Die persönlichen Treffen waren Mersenne nicht genug, deshalb unterhielt er eine sehr fruchtbare Korrespondenz mit vielen Wissenschaftlern auf der ganzen Welt und schuf damit eine echte internationale Gemeinschaft. Der Priester war stets über alle neuen Entdeckungen auf der Welt informiert und gab sie an andere weiter, die gerade an diesem Thema arbeiteten oder die sich möglicherweise für die neue Entdeckung interessierten. Die Liste der Wissenschaftler, mit denen er in Kontakt stand, war enorm, unter anderem Isaac Beeckman, Bernard Frénicle de Bessy, Charles Cavendish, Florianus Crusius, Girard Desargues, Descartes, Fermat, Galileo, Pierre Gassendi, Jean-Baptiste van Helmont, Hobbes, Christiaan und Constantin Huygens, Claude Mydorge, Étienne und Blaise Pascal, Nicolas Claude Peiresc, John Pell, Jean Rey, André Rivet, Gilles Personne de Roberval, Martin Ruarus, Samuel Sachieri und Evangelista Torricelli. Als er 1648 starb, wurden Briefe von 78 verschiedenen Adressaten in seiner Zelle gefunden.

Darüber hinaus versuchte Mersenne, auf seinen Reisen so viele Kontakte wie möglich zu sich entwickelnden wissenschaftlichen Gemeinschaften und den berühmtesten Wissenschaftlern zu knüpfen. Zwischen 1629 und 1630 reiste er in die Niederlande, 1644 in die Provence und nach Italien, wo er Torricelli traf, und 1646 nach Bordeaux, wo später die Académie Royale des Sciences gegründet wurde.

Die wissenschaftlichen Interessen von Mersenne umfassten die verschiedensten Bereiche aus Physik und Mathematik, und seine Unterstützung diente einem großen Teil der wissenschaftlichen Akteure dieser Zeit als Leitmotiv. Die Probleme, mit denen sich Mersenne beschäftigte, stammten aus der Musik, Optik, Thermodynamik, Mechanik,

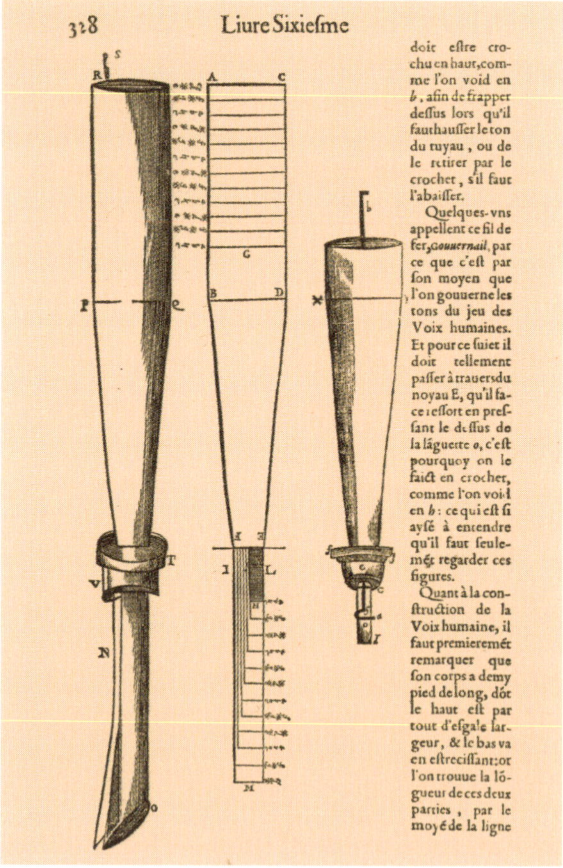
328 Liure Sixiesme

doit estre crochu en haut, comme l'on void en *b*, afin de frapper dessus lors qu'il faut hausser le ton du tuyau, ou de le retirer par le crochet, s'il faut l'abaisser.

Quelques-vns appellent ce fil de fer, *Gouuernail*, par ce que c'est par son moyen que l'on gouuerne les tons du jeu des Voix humaines. Et pour ce suiet il doit tellement passer à trauers du noyau E, qu'il face ressort en pressant le dessus de la lâguette *o*, c'est pourquoy on le faict en crochet, comme l'on void en *b*: ce qui est si aysé à entendre qu'il faut seulemẽt regarder ces figures.

Quant à la construction de la Voix humaine, il faut premieremẽt remarquer que son corps a demy pied de long, dõt le haut est par tout d'esgale largeur, & le bas va en estrecissant: or l'on trouue la lõgueur de ces deux parties, par le moyẽ de la ligne

Eine Seite aus der Arbeit Traité de l'harmonie universelle *(Über die universelle Harmonie) von Mersenne, in deren Vorwort das mathematische Genie von Fermat gewürdigt wurde.*

Hydrostatik, Analysis, Algebra, Zahlentheorie usw. Seine Meinungen wurden schnell von anderen Forschern geteilt, ebenso wie von all denen, die auf seinen Ergebnissen aufbauen und diese erweitern wollten. Mersenne arbeitete somit nie allein. Auf der anderen Seite fanden diejenigen, die eine Korrespondenz mit Mersenne unterhielten, in ihm einen außergewöhnlichen Gesprächspartner, mit dem sie ihre Ideen teilen und ihre Forschung fortsetzen konnten.

Porträt des niederländischen Wissenschaftlers Christiaan Huygens.

1627 veröffentlichte Mersenne *L'Harmonie Universelle*, in deren Vorwort er das mathematische Genie Fermats würdigte. Unter anderem erklärt diese Arbeit, dass die Frequenz, mit der eine Saite schwingt, proportional zur Wurzel der Spannung ist und umgekehrt proportional zu ihrer Länge, ihrem Durchmesser und der Wurzel aus ihrem spezifischen Gewicht, wenn alle anderen Variablen konstant bleiben, wenn sich einer dieser Parameter ändert. Als Mersenne Christiaan Huygens traf, tauschte er sein Wissen mit ihm aus. Das Ergebnis dieses Austauschs war, dass Huygens später seine *Theory of Music* veröffentlichte. 1646 versuchte Huygens, nach Paris umzuziehen, um seinem Mentor näher zu sein, aber er schaffte dies erst Jahre nach dem Tod Mersennes.

Die Ideen von Galileo Galilei interessierten auch Mersenne, der enorm zu ihrer Verbreitung in ganz Europa beitrug. Am 21. Februar 1632 wurde in Florenz *Dialogo Sopra i Due Massimi Sistemi del Mondo* gedruckt, eine der grundlegenden Arbeiten Galileos, in der die heliozentristische Theorie von Kopernikus verteidigt wurde.

Dieses Ereignis widersprach ganz offensichtlich den von der katholischen Kirche zu dieser Zeit postulierten Glaubenslehren, weshalb Galileo 1633 vom Santo Oficio in Rom verurteilt und in Arrest genommen wurde. Aufgrund des Prozesses wurde das Buch verboten, aber es kursierten bereits mehrere Kopien davon in ganz Europa, und viele Wissenschaftler hatten es schon gelesen. Zu ihnen gehörte auch Mersenne, der

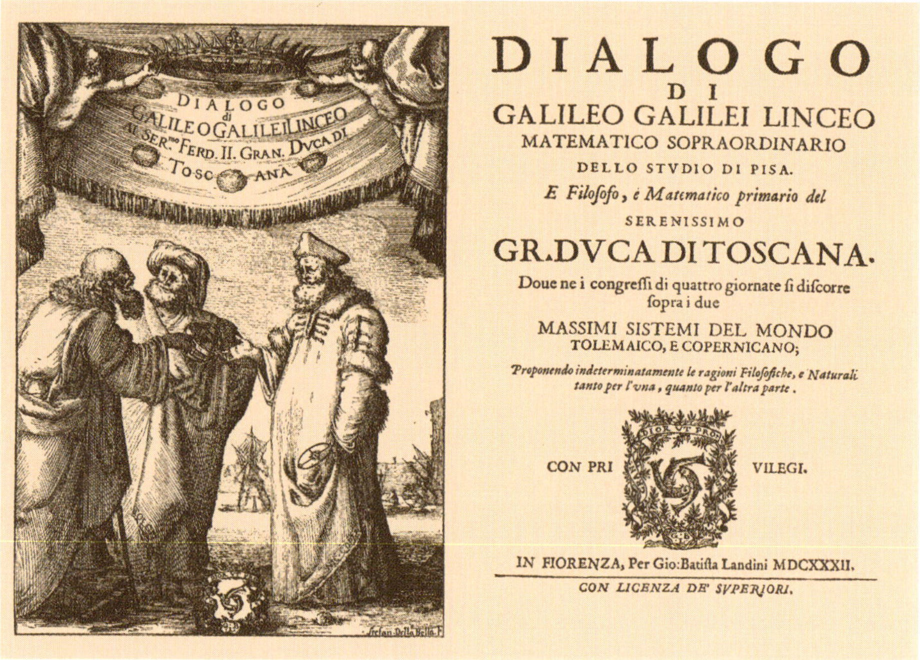

DIALOGO
DI
GALILEO GALILEI LINCEO
MATEMATICO SOPRAORDINARIO
DELLO STVDIO DI PISA.
E Filosofo, e Matematico primario del
SERENISSIMO
GR.DVCA DI TOSCANA.
Doue ne i congressi di quattro giornate si discorre
sopra i due
MASSIMI SISTEMI DEL MONDO
TOLEMAICO, E COPERNICANO;
Proponendo indeterminatamente le ragioni Filosofiche, e Naturali
tanto per l'vna, quanto per l'altra parte.
CON PRI VILEGI.
IN FIORENZA, Per Gio:Batista Landini MDCXXXII.
CON LICENZA DE' SVPERIORI.

Titelbild von Galileos Arbeit Dialog über die beiden hauptsächlichen Weltsysteme.

sich, inspiriert vom freien Fall der Körper, wie in der Arbeit von Galileo demonstriert, entschloss, persönlich verschiedene Experimente durchzuführen. 1634 veröffentlichte Mersenne seine Ergebnisse, mit denen er die Beziehung zwischen der Beschleunigung beim Fall und dem Quadrat der dafür erforderlichen Zeit bestätigte. Außerdem versuchte er die Frage zu beantworten, ob die Änderung der Fallgeschwindigkeit konstant ist, wie Galileo vermutete, oder nicht konstant, wie Descartes dachte.

Korrespondenz mit Fermat

Als Pierre de Carcavy 1636 nach Paris umzog und Mersenne die Ideen von Fermat im Hinblick auf Galileos Theorie zum freien Fall der Körper erklärte, wollte dieser sofort mehr über die Anschauungen des Mathematikers erfahren und schrieb ihm einen Brief. Fermat antwortete beflissen am 26. April desselben Jahres.

Er beantwortete die Fragen und erzählte ihm von seiner Arbeit über Spiralen, die sich aus der Studie der Bewegungsbahn von Körpern im freien Fall ergeben hatte, und wofür er Methoden anwendete, die von Archimedes' Arbeit *Über Spiralen* inspiriert waren. Außerdem sprach er von seiner Arbeit an der Wiederherstellung von *Locis Planis* von Apollonius. Er schrieb:

> „Ich habe auch zahlreiche Analysen für unterschiedlichste Probleme numerischer und geometrischer Art gefunden, für deren Lösung die Analyse von Viète nicht ausgereicht hätte. Ich werde Ihnen all dies mitteilen, wenn Sie sich dafür interessieren, und ohne jeden Ehrgeiz, der mir ferner liegt, als jedem anderen Menschen auf dieser Welt."

Eine Darstellung des Archimedes von Domenico Fetti, 1620. Fermat beschäftigte sich eingehend mit der Arbeit dieses Wissenschaftlers aus dem alten Griechenland.

Darüber hinaus nutzte Fermat die Gelegenheit, Mersenne zwei Probleme zu Maximalwerten vorzulegen, und bat ihn, sie als Herausforderung an die Pariser Mathematiker weiterzugeben. Dieser erste Brief von Fermat an Mersenne beschreibt das innerste Wesen Fermats aufs Trefflichste.

Erstens stellt er ein Beispiel für seine Beziehung zur Wissenschaftsgemeinde seiner Zeit unter Verwendung von Briefen dar – die zweifellos eines der wichtigsten Medien für ihn waren, seine Ideen auszudrücken. Und zweitens verdeutlicht er die Bescheidenheit

Fermats. Fermat stellte Ideen und Wissenschaft bereit, ohne auf seine Urheberschaft zu pochen. Und schließlich ist auch noch seine Leidenschaft zu erkennen, neue Probleme vorzuschlagen, neue mathematische Herausforderungen, an denen die Kompetenz seiner Zeitgenossen gemessen werden konnte. Ganz besonders interessant waren diese Aufgaben, weil er die Antworten bereits kannte – oder dies jedenfalls behauptete.

Wenn jemand sie lösen konnte, entstand damit die Frage, wer das Recht auf die erste Lösung verdiente, aber wenn sie niemand lösen konnte, nahm der Wert der Lösung enorm zu, ebenso wie der Ruhm für denjenigen, der sie schließlich fand. Und natürlich war Mersenne hocherfreut, die Herausforderungen von Fermat seinen Salon-Mitgliedern mitzuteilen.

Das Zykloiden-Problem

1632 traf Gilles de Roberval in Paris ein und lehrte am Collège Royale. Mersenne interessierte sich sofort für dessen außergewöhnliches Talent für Mathematik und wandte sich an ihn, um ihm verschiedene Fragen zu stellen, auf die er noch immer keine Antwort hatte, darunter auch das Zykloiden-Problem. Die gute Chemie zwischen den beiden begünstigte auch die Problemlösung. 1599 hatte Galileo den Zykloiden als geometrische Form definiert, die durch den Punkt eines Kreises beschrieben wird, der auf einer geraden Linie rollt.

Mersenne war sofort von der Schönheit dieser Kurve begeistert und beschloss, sich genauer damit zu beschäftigen. Er interessierte sich für einige ihrer Eigenschaften: die Länge eines Bogens der Kurve, die davon abgedeckte Fläche usw. Um die Fläche der Kurve zu bestimmen, hatte Galileo sorgfältig ein Modell aus Metall konstruiert und es mit einer Waage gewogen. Mit dieser Methode erreichte er eine gute Annäherung, aber war nicht zufrieden, weil er eine präzise mathematische Antwort suchte.

Die mathematischen Methoden bleiben in der Welt der Theorie und können als perfekt betrachtet werden. Sie sind nicht durch die Unvollkommenheiten eines Metallmodells oder die Ungenauigkeit von Waagen begrenzt.

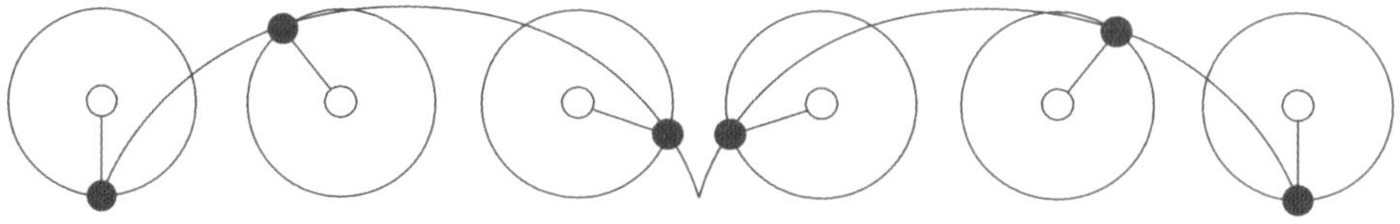

Eine Darstellung des Zykloiden.

DIE BRACHISTOCHRONEN- UND TAUTOCHRONEN-PROBLEME

Angenommen, wir wollen auf dem schnellsten Weg von A nach B gelangen, einzig der Wirkung der Schwerkraft unterworfen. Oder, anders ausgedrückt, wir wollen die Form einer Kurve finden, entlang derer wir gleiten können, um so schnell wie möglich von A nach B zu gelangen. Diese Kurve wird als Brachistochrone bezeichnet (vom Griechischen *brachistos* – das Kürzeste und *chronos* – die Zeit). Zunächst gelangen wir über unsere Intuition zu der Lösung, der schnellste Pfad, um von A nach B zu gleiten, müsse die kürzeste Distanz sein, mit anderen Worten, eine gerade Linie. Das ist jedoch nicht der Fall. Die kürzeste Linie ist ein invertierter Zykloidenbogen, der A durchläuft, und dessen Minimum bei B liegt. Bereits 1695 kannte Bernoulli die Lösung des Problems und forderte die Wissenschaftler seiner Zeit auf, sie ebenfalls zu finden. Das Problem wurde unabhängig voneinander von Leibniz, Newton, Jakob Bernoulli und L'Hospital gelöst.
1673 entdeckte Huygens, dass, wenn ein Objekt in einem Zykloidenbogen fällt, unabhängig von der Höhe, es immer gleich lang braucht, bis es den Boden erreicht. Damit löst der Zykloid auch das Tautochronen-Problem (vom Griechischen *tauto* – das Gleiche und *chronos* – die Zeit).

Wenn das Objekt frei fällt, dauert es genauso lange, von A nach B zu gelangen wie von A' nach B.

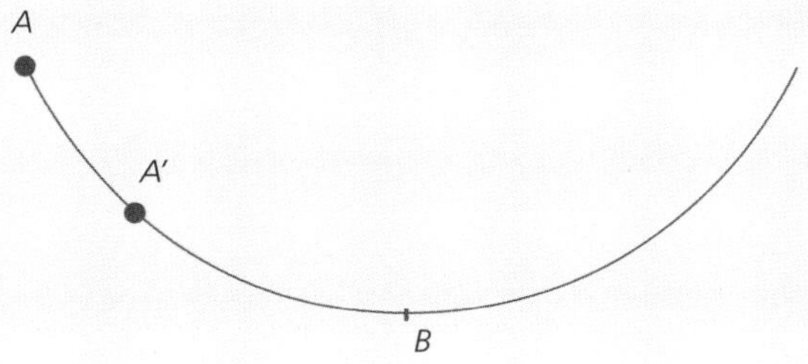

Mersenne beschäftigte sich jahrelang mit dem Zykloiden und veröffentlichte seine Ergebnisse in verschiedenen Arbeiten: *Quaestiones in Genesim* (1623), *Mathematical Synopsis* (1626) und *Questions Inouyes* (1634). Wie üblich machte er sich wieder daran, Briefe zu schreiben und teilte seinen Briefpartnern seine Ergebnisse mit, sowie die Probleme, die er lösen konnte. Torricelli, Fermat, Descartes, Roberval, alle berechneten korrekt, dass die Fläche unter dem Bogen des Zykloiden das Dreifache von v multipliziert mit dem quadrierten Radius des Kreises ist. Roberval und Wren berechneten, dass die Länge des Bogens achtmal der Radius ist. Lösungen von höchster Eleganz und Einfachheit, hinter denen so viel Mathematik steckt!

Dank dieser von Mersenne implementierten neuen Arbeitsweise waren alle talentierten Denker eingeladen, die interessanten Probleme zu lösen, die er ihnen vorlegte. Die Ergebnisse stammten nicht von isolierten Denkern, sondern entstanden durch ihre

Zusammenarbeit und den häufigen Gedankenaustausch. Die Geschichte der Wissenschaft versucht oft, Dingen Namen zu geben und mit den Menschen zu identifizieren, die ein Problem als erste gelöst haben – aber in dieser neuen Arbeitsumgebung muss der Ruhm häufig geteilt werden. Und wer hätte es geahnt, dass eine solch wunderbare Kurve, die einst von Galileo anhand eines Kreises definiert wurde, der auf einer Geraden rollt, ein paar Jahre später von Gérard Desargues verwendet werden sollte, um die Zähne der Ritzel von Motoren zu entwerfen, und schließlich für die Lösung der Brachistochronen- und Tautochronen-Probleme!

Die Ponte di Mezzo in Pisa mit ihren drei Zykloidenbögen wurde von Schülern von Galileo entworfen. Die Brücke wurde 1944 zerstört.

Die Maxima- und Minima-Methode

Roberval und Mersenne waren fasziniert von den Ergebnissen Fermats zu Maxima und Minima. Die Herausforderungen, die Fermat in seinen Briefen stellte und auflöste, konnten kein Zufallsergebnis sein – sie mussten durch die Anwendung mathematischer Methoden entstanden sein, die zu diesem Zeitpunkt noch unbekannt waren. Sie erkannten, dass Fermat in Bezug auf Probleme mit Maxima und Minima seinen Zeitgenossen weit voraus war, und sie baten ihn, seine Methoden zu erklären. Fermat ließ sie nicht lange warten und schickte ihnen drei Texte (*Methodus ad Disquirendam Maximam et Minimam et de Tangentibus Linearum Curvarum, Apollonii Pergaei Libri Duo de Locis Planis Restituti* und *Ad Locos Planos et Solidos Isagoge*), um sie von den Pariser Mathematikern begutachten zu lassen. Damit schuf sich Fermat einen großen Namen an vorderster Stelle bei den Mathematikern. In seiner *Maxima- und Minima-Methode* beobachtete Fermat, dass wenn eine Funktion ein Maximum erreicht, eine Gerade parallel zur x-Achse die Funktion nur in einem Punkt berührt; und dass in den Werten unmittelbar unterhalb des Maximums eine Gerade parallel zur x-Achse die Funktion an zwei sehr nah beieinanderliegenden Punkten schneidet, einem links und dem anderen rechts vom Maximumpunkt.

Aus diesem Grund kann unter Berücksichtigung des Extremwerts der Funktion, $f(a)$, und einem sehr nahen Wert $f(a + e)$, wobei e eine sehr kleine Zahl ist, abgeleitet werden, dass diese Werte praktisch gleich sind, und damit laut Fermat „gleichgemacht" werden können. Aus diesem Prozess ergibt sich eine Gleichung, die, nachdem der Wert von e eliminiert wurde, weil es zu vernachlässigen ist, die Berechnung von a gestattet.

Betrachten wir ein Beispiel: die Funktion $f(x) = x^2$. Der Graph für diese Funktion ist in der folgenden Abbildung dargestellt.

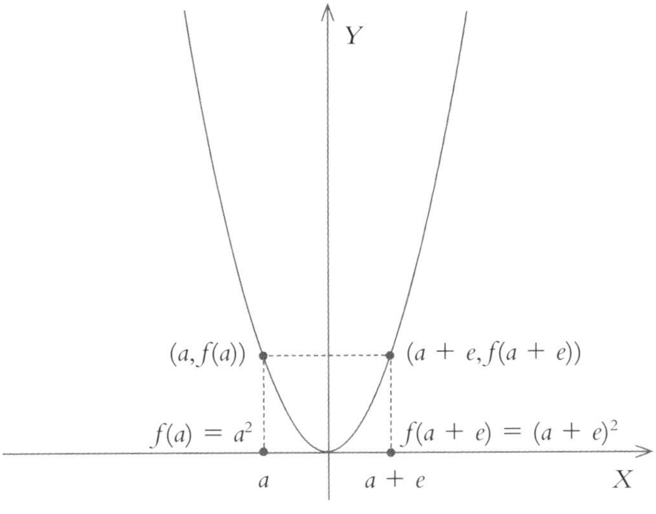

Eine Zeichnung der Parabel f(x) = x².

Angenommen, wir wollen das Minimum für diese Funktion berechnen, $f(a) = a^2$. Dazu müssen wir einen sehr nahen Wert $f(a + e) = (a + e)^2 = a^2 + 2ae + e^2$ berücksichtigen. Anschließend werden sie „gleichgemacht", mit anderen Worten, man nimmt an, dass sie so nah beieinanderliegen, dass sie gleich $a^2 = a^2 + 2ae + e^2$ sind.

Anschließend wird die resultierende Gleichung gelöst. Entfernt man von beiden Seiten der Gleichung a^2, ergibt sich $2ae + e^2 = 0$. Dividieren wir durch e, erhalten wir $2a+e = 0$. Schließlich gehen wir davon aus, dass e so nah an 0 liegt, dass es zu vernachlässigen ist, und erhalten $2a = 0$, und damit $a = 0$, womit wir das Minimum der Funktion korrekt berechnet haben.

Wie zu erkennen ist, erhalten wir nach der „Gleichmachung“ eine Gleichung, die äquivalent mit der Suche nach der Ableitung der Funktion ist, und diese ist gleich 0 zu setzen. Und das zu einer Zeit, in der noch nicht einmal bekannt war, was eine Ableitung ist oder wie die Grenzwerte von Funktionen berechnet werden. Damit ist es nicht überraschend, dass einige Mathematiker dem Prozess der „Gleichmachung“ sehr reserviert gegenüberstanden. Die Intuition Fermats in Bezug auf dieses Thema ist jedoch brillant – als wäre er ein Magier gewesen, der die Macht über algebraische Gleichungen hat, und der letztlich immer das gewünschte Ergebnis findet.

Interessensvielfalt

Die Wiederherstellung der verlorenen Arbeiten von Apollonius war ein Teil eines ambitionierten mathematischen Projekts, das von Viète und Marino Ghetaldi gemeinsam ins Leben gerufen wurde, einem Team, dem sich später auch Willebrod Snell und Fermat selbst anschlossen. Fermat war ein großer Bewunderer des griechischen Mathematikers. Außerdem hatte Fermat die klassischen Sprachen studiert, und sein breites Wissen im Bereich der Mathematik gestattete ihm, die schwierige Aufgabe zu übernehmen, wissenschaftliche Arbeiten mit größter Genauigkeit aus dem Lateinischen und dem Griechischen zu übersetzen. Es war somit nicht überraschend, dass sich die Übersetzer bei schwierig zu verstehenden Passagen und wissenschaftlichen oder mathematischen Beweisen an ihn wendeten, um Hilfe zu erhalten.

In Toulouse traf er Charles de Montchal, Gräzist und Buchliebhaber, dessen Sammlung an Manuskripten mit der Zeit Teil der Bibliothèque du Roi wurde. Fermat erhielt Zugang zu diesem außergewöhnlichen Archiv. Montchal zeigte ihm *Les Harmoniques*, eine Arbeit über die Musik von Byrene, einem byzantinischen Autor aus dem 14. Jahrhundert. Der Mathematiker las diesen Text und schrieb einige Anmerkungen an den Rand – wie er es gerne tat. Während er las, ging seine Phantasie auf die Reise, und es fielen ihm zahlreiche Ideen ein, die er aufschreiben musste, um später darüber nachzudenken.

In Castres traf er Pierre Saporta, der 1664 das *Traité Sur la Mesure des Eaux Courantes* schrieb, eine französische Übersetzung einer Arbeit des Benediktinerabts Benedetto

Castelli. Außerdem übersetzte er eine Arbeit von Torricelli zum selben Thema ins Französische. In diese Übersetzung nahm er die Beschreibung Fermats eines Instruments für die Messung der Dichte von Flüssigkeiten auf, beschrieben von Synesius, Bischof von Cyrene, einem Zeitgenossen von Hypatia von Alexandria. Castelli selbst merkte an, dass andere vor Fermat versucht hatten, die Funktionsweise dieses seltsamen Instruments zu verstehen. Saporta bewunderte die Gelehrsamkeit Fermats. Er widmete ihm seine Arbeit und fand Worte glühender Bewunderung für ihn: „Diese Seiten in diesem Buch waren frei. Sie haben mich inspiriert, sie mit einer genialen Beobachtung zu füllen, die mir der unvergleichliche Herr Fermat vor ein paar Tagen mitgeteilt hat, der mir die Ehre erweist, mein Freund zu sein und häufig Gespräche mit mir zu ertragen." In einer anderen Passage schreibt er: „Alle Gelehrten der unterschiedlichsten Literatursparten konsultieren Sie, wenn sie schwierige Passagen in Büchern finden. Ich könnte hier unzählige hervorragende Beobachtungen nennen, die Sie über Synesius, Frontin, Athenée und viele andere Autoren gemacht haben, und die Erklärungen, die Sie zu undurchsichtigen Passagen gegeben haben, die weder Scaligers, Casaubons, Peaus noch Saummaises verstanden haben. Allem Anschein nach wurden Sie, mein Herr, geboren, um das Imperium der Literatur zu beherrschen und der souveräne Gesetzgeber aller Gelehrten zu sein."

Die Belesenheit Fermats war also vielen Menschen bewusst, die ihn kannten. Seine Interessen galten allem Wissen, mit einem tiefen enzyklopädischen Stil, der nicht zwischen Wissenschaft und Literatur unterschied. Jeder hatte in Fermat einen Schüler, der gewillt war, zuzuhören und seine Meinung mitzuteilen. Aus diesem Grund gab es viele Menschen, die an ihn herantraten und ihn um seine Mitarbeit baten.

Fermat schrieb Notizen in viele der Bücher, die er las, und hinterließ damit eine Aufzeichnung seiner Beobachtungen und Gedanken. Alles hatte Platz auf den Rändern der Bücher. Tatsächlich umfasst die Literaturgeschichte Fermats die Anmerkungen, die er an den Rändern seiner eigenen Bücher machte. Er schrieb sogar ein Gedicht mit 100 Hexameter-Versen in Latein, *Cede Deo seu Christus moriens*, das er Guez de Balzac widmete, und das 1656 an der Académie de Castres vorgelesen wurde.

Fermat war begeisterter Leser von Francis Bacon und großer Fan neuer wissenschaftlicher Entdeckungen. Sein Universalgenie führte ihn dazu, die Vereinigung aller Wissenschaftler anzuregen, und er war mit Mersenne der Überzeugung, dass die Wissenschaft mehr Fortschritte macht, wenn mehr Kommunikation stattfindet.

1657 beispielsweise schlug er Cureau de la Chambre im Hinblick auf die Refraktion vor, dass „wenn Sie mir gestatten könnten, meine Geometrie ein wenig mit Ihrer Physik zu vereinen, dann könnten wir zusammen innovative Arbeiten schaffen".

Porträt von Francis Bacon. Der englische Philosoph und Verfechter wissenschaftlicher Methoden wurde von Fermat glühend verehrt.

Fermat genoss die Schönheit der Mathematik. Er war sich sicher, dass hinter den Beweisen und Theorien eine Ästhetik und Philosophie des Wissens verborgen war. Die Art und Weise, wie er seine Ergebnisse präsentierte und seine Herausforderungen formulierte, deutet auf eine Person hin, deren Begeisterung ansteckend war. Am 25. Dezember 1640 schrieb er Mersenne: „Sobald mir Frenicle schreibt, sende ich Dir ein paar Vorschläge, von denen ich glaube, dass sie von großem Wert für Dich sein werden, und mit größter Bescheidenheit wage ich zu sagen, dass sie aussagekräftiger sind als alles andere, worüber wir je gesprochen haben." Später, am 2. August 1641, schrieb Fernicle Fermat: „Die von Ihnen gezeigten Methoden [...] sind wirklich sehr treffend formuliert, und Sie haben die Mittel an der Hand, Ihre Regeln erfolgreich einzusetzen, womit sie eine gewisse Eleganz erhalten und noch schöner werden."

Eine seltsame Arbeitsweise

Viele Historiker fragen sich, warum Fermat so viele Dinge notiert, aber so wenig geschrieben hat. Warum hat er keine Bücher geschrieben, um seine Ideen und Entdeckungen zu erklären? Je mehr wir über Fermat herausfinden, desto mehr verstehen wir, dass dies einfach seine Arbeitsweise war. Er war kein professioneller Mathematiker. Er dachte gern über Mathematik, Physik, Literatur, Philosophie, Musik usw. nach, und er machte gern Notizen. Es war, als würde er sich mit dem Buch unterhalten, das er gerade las, und tat seine Meinung in den schmalen Rändern der Buchseiten kund. Es war ein wenig, wie laut zu denken. Den strengen und vollständigen Beweis aller möglichen Fälle überließ er jedoch gern anderen, die möglicherweise versierter waren oder einfach mehr Zeit hatten. Um ein Buch zu schreiben, hätte er Zeit aufwenden müssen, die er nicht hatte. Er dachte lieber nach und sinnierte über neue Erkenntnisse. Er hatte so viele Interessen, dass er einfach nicht innehalten konnte, um ein Buch zu schreiben, mit allen einführenden Darlegungen, grundlegenden Erklärungen und Details der Beweise. Nachdem er sich über ein Thema im Klaren geworden war, machte er sich Notizen und widmete sich einem anderen Problem.

All dies könnte den Eindruck erwecken, Fermat hätte willkürlich und mit fehlendem sittlichen Ernst ein wenig Zeit aufgewendet, um hier und da Probleme zu lösen, die überhaupt nichts miteinander zu tun hatten, und ohne dass er einen grundlegenden Zweck verfolgte. Mit seinen Arbeiten wollte er keine Grundlagen für eine neue Mathematik im Stile der *Introduction en L'art Analytic* Viètes schaffen, die versucht, eine Lösung für alle Probleme bereitzustellen, oder der *Géometrie* von Descartes, die versucht, alle Phänomene der Natur zu erklären. Er war sich einfach der Tatsache bewusst, dass seine Methoden die Wissenschaft weiterbrachten und die Arbeitsmethoden revolutionierten, indem er neue Werkzeuge für die Lösung von Problemen bereitstellte, für die mit den alten Methoden keine Lösung gefunden werden konnte.

Die Arbeitsweise von Fermat ist zweifellos eine der Eigenschaften, die Teil seiner Legende bildet. Seine Methode, Probleme

FRANCISCI VIETÆ
OPERA
MATHEMATICA,
In unum Volumen congeſta,
ac recognita,
Operâ atque ſtudio
FRANCISCI à SCHOOTEN Leydenſis,
Matheſeos Profeſſoris.

LVGDVNI BATAVORVM,
Ex Officinâ Bonaventuræ & Abrahami Elzeviriorum.
cIↄ Iↄ c XLVI.

Titelbild eines der Bücher von François Viète, das Fermat eingehend studiert hat, obwohl die beiden Mathematiker sehr unterschiedliche Arbeitsmethoden hatten.

zu lösen, strotzt vor Originalität und Kreativität, ist jedoch manchmal schwer zu verdauen, und er liefert nicht alle mathematischen Details, die einige seiner Zeitgenossen von ihm forderten. Seine Art zu schreiben, die für seine Denkweise am besten geeignet war, waren Briefe. Darin konnte er die Wissenschaft frei diskutieren, ohne unbedingt eine formelle Vorgehensweise einhalten zu müssen. Sie waren die ideale Methode, seinen Briefpartnern neue Herausforderungen vorzulegen und solche von ihnen anzunehmen. Wenn es erforderlich war, konnte er ins Detail gehen. Normalerweise legte er seine Lösungen jedoch in Form von Hinweisen dar, sodass der Leser allein über die vorliegenden Probleme nachdenken konnte, und als Beleg dafür, dass er die Lösung kannte, aber war nicht bereit, sie ganz einfach zu zeigen. Diese Weigerung, seine Methoden zu erklären, gehörten zu seinem interessanten Spiel mit den Herausforderungen, die brillant in der größten von allen, seinem letzten Satz gipfelten.

Trotz ihrer Vorzüge hatten die Briefe aber auch Nachteile. Gelegentlich führten sie zu Missverständnissen, deren Auflösung jahrelang dauern sollte, oder die einfach nie aufgelöst wurden. Immer wieder gab es endlose Diskussionen, ob ein Problem zuerst von demjenigen gelöst worden sei, der es zuerst formuliert habe, oder demjenigen, der es zuerst aufgeschrieben habe. Manchmal wurden Gedanken von mehreren Leuten zusammengetragen, und später beanspruchten viele von ihnen das einzige Recht darauf. Manchmal wurde ein Problem unabhängig von mehreren Personen gleichzeitig gelöst, und später wurde gestritten, wem der Verdienst anzurechnen war, es als erster gelöst zu haben. Außerdem fanden einige Briefpartner Gefallen an all diesen Verwicklungen, und manchmal führte ein „Schreibfehler" zu verheerenden Konsequenzen für alle Beteiligten.

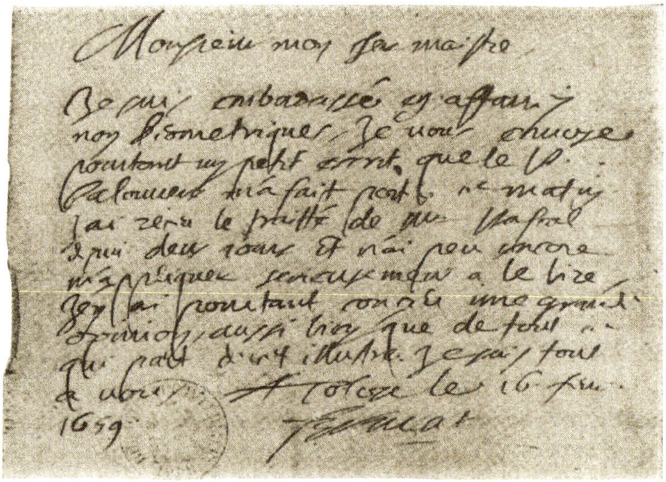

Handschriftlicher Brief von Fermat.

Der Streit mit Descartes

Anfang 1637 bat René Descartes über Mersenne um die Erlaubnis des Königs von Frankreich, sein *Discours de la Méthode* und seine drei *Essais* zu veröffentlichen. Beaugrand war damals Sekretär des Kanzlers und damit in einer verantwortungsvollen Position, die ihm Einfluss auf die Angelegenheit verschaffte. Der Kanzler, Pierre Seguier, erhielt eine Kopie des ersten Entwurfs von *La Dioptrique* von Descartes, um ihn überprüfen zu lassen. Beaugrand sandte ohne die Genehmigung des Autors, und ohne Mersenne zu informieren, eine Kopie an seinen Freund Fermat, sodass dieser eine Meinung dazu abgeben konnte. Mersenne fand dies heraus und schrieb Fermat, dieser möge diskret handeln und jeglichen Kommentar direkt an ihn und an sonst niemanden schicken. Am 22. September 1637 schrieb Fermat Mersenne: „Sie haben mich nach meiner Meinung über *La Dioptrique (Optik)* von Herrn Descartes gefragt. Hier mein Eindruck über diese neuen Vorschläge. Die Schlussfolgerungen, die er im Hinblick auf die Linsen ableitet, sind gut formuliert, er hätte jedoch gut daran getan, die Grundlagen, auf denen sie aufsetzen, besser zu überprüfen. Ich fürchte, die Richtigkeit fehlt genauso wie diese Überprüfung.“ Im selben Brief nannte Fermat die Gründe, auf denen seine Meinung beruhte. In *La Dioptrique* wird ein Modell für die Natur des Lichts vorgeschlagen, um das Gesetz der Refraktion zu erklären. Dieses Modell geht jedoch von Voraussetzungen aus, die nach der Meinung Fermats nicht ausreichend belegt waren. Fermat zeigte einen Widerspruch zwischen der Idee der unmittelbaren Ausbreitung (oder Übertragung) des Lichts und der Theorie, dass die Lichtgeschwindigkeit von dem Medium abhängig war, das es durchquerte. Es war ihm auch nicht klar, wie sich das Licht mit zunehmender Dichte des Mediums schneller bewegen sollte.

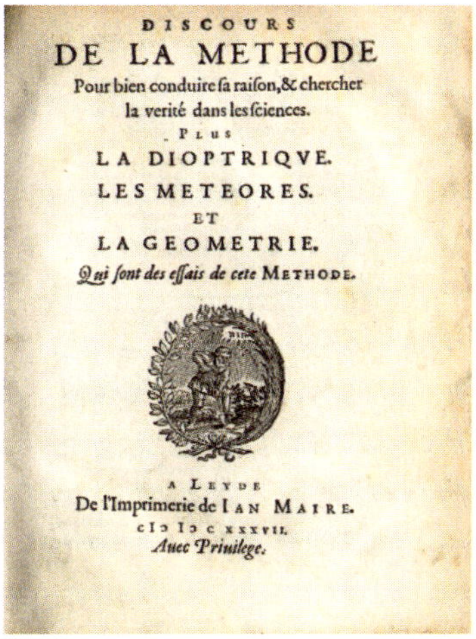
DISCOURS
DE LA METHODE
Pour bien conduire ſa raiſon, & chercher
la verité dans les ſciences.
Plus
LA DIOPTRIQVE.
LES METEORES.
ET
LA GEOMETRIE.
Qui ſont des eſſais de cete Methode.
A Leyde
De l'Imprimerie de Ian Maire.
CIↃ IↃ C XXXVII.
Auec Priuilege.

Titelblatt des berühmten Discours de la méthode *von Descartes, mit der Arbeit zur Optik, die schließlich zum Streit mit Fermat führte.*

Mersenne gab die Anmerkungen von Fermat an Descartes weiter, und es kann angenommen werden, dass Descartes damit nicht einverstanden war. Im Oktober 1637 antwortete er deshalb Mersenne: „Der Fehler, den Herr Fermat in meinem Beweis (zur Refraktion) gefunden hat, ist rein imaginär und zeigt, dass er meine Abhandlung nicht wirklich gelesen hat.“

Fermat suchte jedoch keinen Streit, sondern wollte einfach nur die Richtigkeit erkennen. In einem Brief an Mersenne im Dezember 1637 schlug er ein neues Modell für die Refraktion vor. In diesem Brief schrieb er: „[...] meine Weiterführung dieses kleinen Disputs ist keinesfalls bösartig zu verstehen, aber ich möchte, dass die Wahrheit ans Licht kommt. Ich bin mir sicher, Herr Descartes wird sich darüber freuen, dessen Verdienste wohlbekannt sind, und die ich hiermit ausdrücklich anerkenne."

Aber der Streit hatte bereits begonnen. Für Descartes stellten die Meinungen von Fermat seinen Status und seine Ideen in Frage. Sein *Discours de la Méthode* und seine drei *Essais* bildeten die Grundlage seiner Philosophie und den Ausgangspunkt für seine Gedanken. Er beschloss also, sich für einen gnadenlosen Kampf zu wappnen. Am 18. Januar 1638 schrieb er an Mersenne: „Wenn der Autor überrascht ist, dass ich keine solchen Regeln in der Geometrie habe, habe ich sehr viel mehr Grund, überrascht zu sein, dass er mit erbärmlichen Waffen kämpfen will. Ich möchte ihm die Gelegenheit geben, sich wieder auf sein Pferd zu setzen und alle Verbesserungen, die er gewählt hat, für dieses Gefecht zu nutzen."

Als Fermat sein *Methodus ad Disquirendam Maximam et Minimam et de Tangentibus Linearum Curvarum* zur Begutachtung den Pariser Mathematiken vorlegte, erkannte Descartes die Gelegenheit gleichzuziehen, und er unterstellte Fermat zweifelhafte Begründungen. Roberval und Étienne Pascal verteidigten Fermat, während sich Mydorge und Desargues zunächst auf die Seite von Descartes stellten. Im April 1638 schrieb Roberval: „Wenn Herr Descartes die Maxima- und Minima-Methode von Herrn Fermat richtig verstanden hat, wird er nicht mehr überrascht sein, dass diese Methode von einigen Leuten unterstützt wird, und er wird die Methode bewundern, die hervorragend ist und ihrem Autor zum Ruhme gereicht." Die Rolle von Mersenne ist hier sehr interessant, weil alle Streitigkeiten über ihn ausgetragen wurden. Sowohl Descartes als auch Fermat schickten Briefe an Mersenne und gingen davon aus, dass er sie der jeweils anderen Partei erklären würde. Schließlich stimmte auch Desargues Fermat zu, und Descartes musste das Urteil über den Beweis anerkennen und sah ein: „Angesichts der letzten Methode, mit der er den Tangens von Kurven ermittelt, kann ich nur sagen, dass sie sehr gut ist, und dass es sicherlich keinerlei Unstimmigkeiten darüber gegeben hätte, hätte er sie von Anfang an auf diese Weise erklärt."

Langsam beruhigte sich die Lage. Am 29. Juni 1638 schrieb Descartes an Mersenne: „Ich habe gesehen, dass Sie mich freundlicherweise über die Briefe von Herrn Fermat an Sie informiert haben. Wenn meine Worte in meinem ersten Schreiben etwas schärfer als erwartet waren, bitte ich demütigst um Vergebung und merke an, dass ich ihn einfach nicht gekannt habe." Im Oktober 1638 schließlich schreibt Descartes zum ersten Mal einen Brief an Fermat, gewissermaßen als Entschuldigung: „Ich muss offen bekennen, dass ich noch nie jemanden gekannt habe, der mir den Eindruck vermittelt, so viel über Geometrie zu wissen wie Sie … Wir achten so gerne auf kleine Unregelmäßigkeiten in Diamanten, während wir große Blessuren gewöhnlicher Steine einfach hinnehmen, sodass ich zu der Einsicht gekommen bin, ich sollte mich genauer mit den Dingen von Ihnen beschäftigen als mit denjenigen anderer Personen, die ich nicht so hoch schätze."

Der Vorfall endete jedoch damit nicht. Trotz seiner Worte sah Descartes in Fermat ein Genie und einen Rivalen. Er fürchtete ihn und versuchte, ihn bei jeder Gelegenheit zu verunglimpfen. Einmal hatte er die Arbeit von Fermat zur Bestimmung einer Tangente eines Zykloiden analysiert, die völlig korrekt war, dennoch schrieb er an Mersenne, dass diese Arbeit Fehler enthielte, und dass Fermat ein unzureichender Mathematiker und Denker sei. Der Einfluss Decartes' in der Wissenschaftsgemeinde jener Zeit führte dazu, dass viele Wissenschaftler dieser Zeit ein verschobenes Bild von Fermat erhielten.

Das Genie von Fermat leuchtete jedoch weiter. Tatsächlich war er der erste, der die Grundlagen der algebraischen Geometrie einrichtete, bevor Descartes sein *Géometrie* veröffentlichte. Zusammen mit Pascal begründete er die Wahrscheinlichkeitstheorie. In der Arithmetik kennzeichneten seine Ergebnisse und Beweismethoden den Anfang der modernen Zahlentheorie. Und dies sind nur ein paar wenige Beispiele. Kurz gesagt, als Mathematiker war Fermat Descartes deutlich überlegen. Dennoch versuchte Fermat, die Situation zu beruhigen. Mit feinem Humor sagte er über einen Fehler, den er in *La Géometrie* gesehen hatte, dass er das Genie von Descartes so sehr bewundere, dass seine Arbeit, selbst wenn er Fehler machte, mehr wert sei als die anderer, die keine Fehler machten.

Die Theorie der Refraktion

Was die Theorie der Refraktion betrifft, ging die Geschichte weiter. Nach dem Tode von Descartes plante einer seiner Schüler eine Veröffentlichung dessen gesamter Korrespondenz. Er bat deshalb um die Hilfe von Fermat, alle Briefe zu sammeln, die sich die beiden geschrieben hatten. Dies bewog Fermat, seine Arbeit über die Refraktion zu überarbeiten. Er war mit seinen eigenen Argumenten nicht zufrieden und beschäftigte sich erneut mit dem Thema.

Zu diesem Zeitpunkt führte er den Grundsatz ein, dass Licht Minimalzeit-Bewegungsbahnen folgt. Diese Erkenntnis – bekannt als das „Fermatsche Prinzip" – veröffentlichte er um 1660 in *Analyse pour les Réfractions* bzw. *Synthèse pour les Réfractions* und formulierte daraus eine mathematische Erklärung für das Gesetz von Snell. Dies ist ein weiteres Beispiel dafür, wie Fermat mit endloser Beharrlichkeit Probleme löste, die er sich selbst stellte. Es machte ihm überhaupt nichts aus, sie wieder und wieder zu überdenken, um sie weiterzuentwickeln.

DAS GESETZ VON SNELL

Taucht man einen Stab ins Wasser, entsteht der Eindruck, als sei er geknickt oder gebogen. Sein Winkel unter Wasser scheint sich von dem des Teils über dem Wasser zu unterscheiden. Dieser optische Effekt, auch als Refraktion bezeichnet, ist in der Tatsache begründet, dass sich die Lichtgeschwindigkeit abhängig von dem Medium ändert, welche das Licht durchquert. Luft hat eine geringere Dichte als Wasser, und die Lichtgeschwindigkeit ist in der Luft höher als in Wasser, weil dem Licht weniger Hindernisse im Weg stehen.
Willebrord Snell fand eine Formel, auch als Snelliussches Brechungsgesetz bezeichnet, die die Lichtgeschwindigkeit in den beiden Medien und die Einfalls- und Refraktionswinkel in eine Beziehung stellte:

$$\frac{\sin \theta_1}{v_1} = \frac{\sin \theta_2}{v_2}.$$

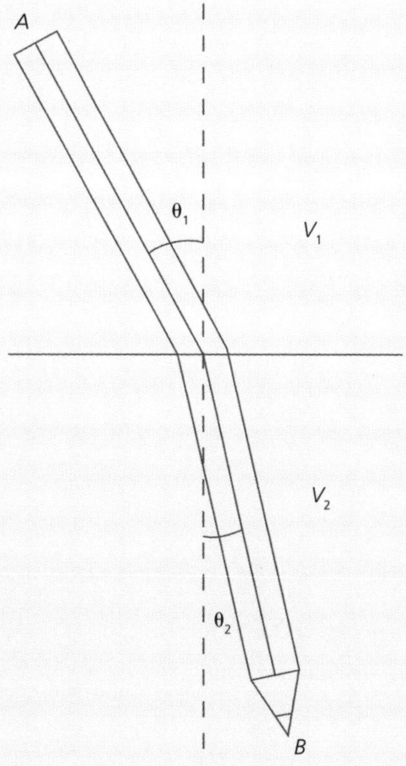

Das Fermatsche Prinzip bietet eine Erklärung für dieses Phänomen. Laut diesem Prinzip folgt das Licht Minimalzeit-Bewegungsbahnen. Stellen Sie sich vor, ein Vogel will von Punkt A an dem Ende des Stabs, das aus dem Wasser ragt, zu Punkt B am untergetauchten Ende des Stabs fliegen, wie in der Abbildung gezeigt.
Angenommen, in der Luft fliegt er mit einer Geschwindigkeit v_1, und im Wasser taucht er mit einer anderen Geschwindigkeit v_2. Fermat hat gezeigt, dass der schnellste Weg von *A* nach *B* nicht eine gerade Linie ist. Aus diesem Grund muss der Vogel die Richtung ändern, um so schnell wie möglich nach *B* zu gelangen.

Kapitel 4

Die Entstehung des letzten Satzes

Es ist unmöglich, dass eine Kubikzahl die Summe aus zwei Kubikzahlen ist, dass eine vierte Potenz die Summe aus zwei vierten Potenzen ist, oder allgemein für jede Zahl, die eine Potenz größer der Zweiten ist, die Summe von zwei Zahlen gleicher Potenz ist. Ich habe einen wahrhaft wunderbaren Beweis für diese Behauptung gefunden, aber der Rand dieser Buchseite reicht nicht aus, um ihn zu fassen.

Pierre de Fermat

Eines Tages fiel Fermat eine Kopie der *Arithmetica* von Diophant in die Hände. Während er die Arbeit las, durchwanderte sein Geist Landschaften außergewöhnlicher mathematischer Schönheit, und er fand einige der teuflischsten Probleme, mit denen sich die mathematische Gemeinschaft je konfrontiert sah. Zu ihnen gehört auch der berühmte letzte Satz. Fermat schrieb ihn auf den Seitenrand des zweiten Bandes, in dem sich auch Problem 8 findet, wie wir nachfolgend noch genauer sehen werden.

Die Wurzeln des Rätsels von Fermat können in die Zeit Alexandrias zurückverfolgt werden: einerseits Euklids Werk *Die Elemente*, das aus dem 2. Jahrhundert v. Chr. stammt, andererseits die zuvor bereits genannte *Arithmetica* von Diophant, die etwa fünf oder sechs Jahrhunderte später entstand. Praktisch basierte die gesamte mathematische Forschung im Mittelmeerraum und im Nahen Osten 1.500 Jahre lang auf den Grundlagen dieser beiden Bücher.

Die Elemente von Euklid

Die Elemente von Euklid beinhaltet u. a. drei Bücher über Arithmetik. Diese drei Bände (Nr. 5, 6 und 7) enthalten die erste allgemeine Theorie über die Teilbarkeit. Euklid erwähnt darin bereits den größten gemeinsamen Nenner und einen Algorithmus für dessen Berechnung, auch als Euklidischer Algorithmus bezeichnet. Außerdem definiert er die Primzahlen und zeigt, dass es unendlich viele davon gibt. Er spricht von teilerfremden Zahlen und definiert perfekte Zahlen als Zahlen, die die Summe ihrer eigenen Teiler darstellen.

Titelblatt der ersten englischen Ausgabe
Der Elemente *von Euklid aus dem Jahr 1570.*

PYTHAGOREISCHE TRIPEL

In *Die Elemente* von Euklid finden wir eine allgemeine Formel für die Bestimmung pythagoreischer Tripel, mit anderen Worten, natürlicher Zahlen, die die Gleichung $a^2 + b^2 = c^2$ von Pythagoras erfüllen. Dabei sind die natürlichen Zahlen m und n, wobei m größer ist als n, zufällig ausgewählt, und die folgende Berechnung wird durchgeführt:

$$a = m^2 - n^2 \; ; b = 2mn \; ; c = m^2 + n^2.$$

Die Zahlen a, b, c, die sich daraus ergeben, beweisen, dass:

$$a^2 + b^2 = (m^2 - n^2)^2 + (2mn)^2 = m^4 - 2m^2n^2 + n^4 + 4m^2n^2 = m^4 + 2m^2n^2 + n^4 = (m^2 + n^2)^2 = c^2.$$

Damit bilden sie ein pythagoreisches Tripel. Wenn wir für m und n außerdem annehmen, dass sie teilerfremd sind und nur eine der beiden Zahlen gerade ist, erzeugt die Formel alle primitiven pythagoreischen Tripel, mit anderen Worten, diejenigen, in denen a, b und c teilerfremd sind. Daraus wird abgeleitet, dass es eine unendliche Anzahl primitiver pythagoreischer Tripel gibt. Jedes pythagoreische Tripel gestattet uns, ein rechtwinkliges Dreieck mit ganzzahligen Seiten zu zeichnen. Fermat hat gezeigt, dass die Fläche dieser Dreiecke keine Quadratzahl sein kann.

Perfekte Zahlen

Der Bericht über die perfekten Zahlen könnte mit Leichtigkeit ein eigenes Kapitel in der Geschichte der Mathematik füllen. Die Suche nach diesen Zahlen könnte in gewisser Weise mit der Suche der Dezimalstellen von π verglichen werden. Anfänglich wurden ein paar wenige gefunden und mit fortschreitendem mathematischen Wissen immer mehr und mehr. Es wurden aber auch viele Fehler gemacht, die man im Laufe der Zeit korrigierte. Heute, im modernen Zeitalter der Computer, sind noch immer nicht alle gefunden und man weiß nicht einmal, ob die Menge dieser Zahlen endlich oder unendlich ist. Der Begriff „perfekt" spielt auf ein ästhetisches Konzept der Mathematik an. Die Schönheit dieser Zahlen liegt nicht in ihrem Aussehen und auch nicht in der Schwierigkeit, sie zu finden, oder in komplizierten Definitionen, sondern in einer einfachen Eigenschaft.

Betrachten Sie beispielsweise die Zahl 6. Ihre Teiler, d. h. die Zahlen, durch die sie ganzzahlig dividiert werden kann, sind 1, 2, 3 und 6. Wunderbarerweise ist 1 + 2 + 3 = 6, mit anderen Worten, durch Addition aller Teiler außer dem letzten erhalten wir das Ergebnis 6. Die nächste perfekte Zahl ist 28. Ihre Teiler sind 1, 2, 4, 7, 14 und 28, und 1 + 2 + 4 + 7 + 14 = 28. Die nächste perfekte Zahl ist 496. Ihre Teiler sind 1, 2, 4, 8, 16, 31, 62, 124, 248 und 496. 1 + 2 + 4 + 8 + 16 + 31 + 62 + 124 + 248 = 496. Die nächste ist 8128, weil 1 + 2 + 4 + 8 + 16 + 32 + 64 + 127 + 254 + 508 + 1016 + 2032 + 4064 = 8128 sind. Diese vier perfekten Zahlen kennt man seit der Antike. Euklid hat sie in seine *Elemente* aufgenommen, und in Vorschlag 36 in Buch IX finden wir eine Formel, wie sie generiert werden können.

Die Generierung perfekter Zahlen

Im Jahr 100 v. Chr. schrieb der neo-pythagoreische Philosoph Nikomachus seine *Einführung in die Arithmetik*, in der er die Zahlen als abundant (deren Summe ihrer eigenen Teiler größer ist als die Zahl selbst), defizient (deren Summe ihrer eigenen Teiler kleiner ist als die Zahl selbst) und perfekt (deren Summe ihrer eigenen Teiler gleich der Zahl selbst ist) klassifiziert. In seiner Abhandlung erklärt er die Formel von Euklid, mit der sie bestimmt werden, als „Formel, die keine perfekten Zahlen auslässt, und die keine Zahlen als perfekt erkennt, die es nicht sind, und die wie folgt funktioniert. Wir gehen von einer Reihe aller Potenzen von 2 aus, beginnend bei 1 und beliebig lang: 1, 2, 4, 8, 16, 32, 64, 128, 256, 512, 1024, 2048, 4096 usw. Sie müssen für jeden neuen Term aufaddiert werden, und nach jeder Summierung muss das Ergebnis überprüft werden. Wird festgestellt, dass es prim ist und nicht zusammengesetzt, müssen Sie es mit dem Wert des letzten der Reihe hinzugefügten Terms multiplizieren. Das Produkt ist immer perfekt. Wenn es dagegen zusammengesetzt und nicht prim ist, multiplizieren Sie es nicht, sondern fügen den nächsten Term hinzu und überprüfen das Ergebnis. Ist es zusammengesetzt, multiplizieren Sie nicht und fügen den nächsten Term hinzu. Ist es dagegen prim und nicht zusammengesetzt, multiplizieren Sie es mit dem letzten Term, der hinzugefügt wurde. Die resultierende Zahl ist perfekt. Dies kann bis zur Unendlichkeit fortgesetzt werden". Mit anderen Worten, oder vielmehr in Zahlen, können wir sagen:

$1 + 2 = 3$ ist eine Primzahl, deshalb ist $(1 + 2) \times 2 = 3 \times 2 = 6$ perfekt,
$1 + 2 + 4 = 7$ ist eine Primzahl, deshalb ist $(1 + 2 + 4) \times 4 = 7 \times 4 = 28$ perfekt,
$1 + 2 + 4 + 8 = 15$ ist keine Primzahl, deshalb überspringen wir sie, und dann ist
$1 + 2 + 4 + 8 + 16 = 31$ eine Primzahl, und deshalb ist
$(1 + 2 + 4 + 8 + 16) \times 16 = 31 \times 16 = 496$ perfekt,
$1 + 2 + 4 + 8 + 16 + 32 = 63$ ist keine Primzahl,
deshalb überspringen wir sie, und schließlich
$1 + 2 + 4 + 8 + 16 + 32 + 64 = 127$ ist eine Primzahl, und damit
$(1 + 2 + 4 + 8 + 16 + 32 + 64) \times 64 = 127 \times 64 = 8128$ perfekt.

Diese Formel bestimmt natürlich die ersten vier perfekten Zahlen. Es gibt eine weitere, einfachere Formel, sie zu generieren. Es ist leicht zu erkennen, dass wenn die Potenzen von 2 beginnend mit 1 und ohne Überspringen addiert werden, das Ergebnis die nachfolgende Potenz von 2 minus 1 ist. In Zahlen:

$$1 + 2 = 3 = 4 - 1 = 2^2 - 1.$$
$$1 + 2 + 4 = 7 = 8 - 1 = 2^3 - 1.$$
$$1 + 2 + 4 + 8 = 15 = 16 - 1 = 2^4 - 1.$$

Und so weiter. Auf diese Weise kann die euklidische Formel für die Berechnung der perfekten Zahlen in aktueller Notation wie folgt dargestellt werden:

$$6 = (2^2 - 1) \times 2.$$
$$28 = (2^3 - 1) \times 2^2.$$
$$496 = (2^5 - 1) \times 2^4.$$
$$8.128 = (2^7 - 1) \times 2^6.$$

Und solange $2^n - 1$ eine Primzahl ist, ist $(2^n - 1) \times 2^{n-1}$ eine perfekte Zahl.

Vermutungen über die perfekten Zahlen

Im Altertum verwendeten Mathematiker die ersten vier bekannten perfekten Zahlen, um eine ganze Reihe von Vermutungen zu formulieren. Beispielsweise ist zu erkennen, dass der Wert von n für die ersten vier perfekten Zahlen der Reihe der Primzahlen 2, 3, 5, 7 folgt. Die Vermutung lag nahe, dass die nächste perfekte Zahl $(2^{11} - 1) \times 2^{10}$ sei, was aber nicht der Fall war, weil $2^{11} - 1 = 2\,047 = 23 \times 89$, was keine Primzahl ist, und weshalb $n = 11$ keine perfekte Zahl generiert.

Außerdem wurde beobachtet, dass die erste perfekte Zahl eine Stelle hatte, die zweite zwei, die dritte drei usw. Man ging also davon aus, dass die fünfte perfekte Zahl fünf Stellen haben müsse. Dies ist jedoch nicht der Fall, weil sich die fünfte perfekte Zahl als $(2^{13} - 1) \times 2^{12} = 8191 \times 4096 = 33550336$ ergab, die 8 Stellen hat.

Eine weitere Beobachtung der Mathematiker der Antike war, dass die letzte Stelle der ersten vier perfekten Zahlen abwechselnd 6 und 8 war. Die sechste perfekte Zahl sollte also mit 8 enden. Dies war jedoch auch nicht der Fall, denn die sechste perfekte Zahl ergab sich als $(2^{17} - 1) \times 2^{16} = 131071 \times 65536 = 8589869056$, die auf 6 endet.

Aber nicht alle diese Vermutungen erwiesen sich als falsch. Es wurde auch angenommen, dass alle perfekten Zahlen gerade waren, und dass die genannte Formel sie alle generieren könne. Dies ist unglaublich einfach zu behaupten, aber auch unglaublich schwer zu beweisen. Erst im 18. Jahrhundert und mit der Arbeit von Leonhard Euler wurde zum ersten Mal bewiesen, dass alle perfekten Zahlen auf diese Weise ermittelt werden konnten. Es wurde gezeigt, dass alle perfekten Zahlen auf 6 oder 8 enden, wenn auch nicht gleichmäßig abwechselnd. Aber selbst heute wissen wir noch nicht, ob es ungerade perfekte Zahlen gibt. Es wurde gerade einmal bewiesen, dass, wenn es ungerade perfekte Zahlen gibt, diese größer als 10^{300} sein müssen. Das bedeutet jedoch nicht, dass es mit Sicherheit ungerade perfekte

Leonhard Euler, hier auf einem Porträt von Emanuel Handmann. Dieser Mathematiker des 18. Jahrhunderts machte wichtige Entdeckungen im Bereich der perfekten Zahlen und der Primzahlen.

Zahlen gibt, denn was ist schon die Signifikanz von ein paar Zentillionen Zentillionen Zentillionen im Vergleich zur immensen Unendlichkeit der natürlichen Zahlen?

Es wurde auch abgeleitet, dass es unendlich viele perfekte Zahlen gibt, aber das wurde ebenfalls noch nicht bewiesen. Ab und zu wird von der Entdeckung neuer Mersenne-Primzahlen berichtet, und jede entdeckte Mersenne-Primzahl führt zu

DIE FERMATSCHEN PRIMZAHLEN UND DARAUF FOLGENDE ENTDECKUNGEN

Porträt von Carl Friedrich Gauß.

1650 konfrontierte Fermat die mathematische Gemeinschaft mit einer der berühmtesten Herausforderungen der Geschichte, als er behauptete, dass alle Zahlen des Typs $F_n = 2^{2n} + 1$ Primzahlen seien. Tatsächlich schien alles darauf hinzudeuten, dass er recht hatte. Für $n = 0$ ergab sich $F_0 = 3$, was eine Primzahl ist. Für $n = 1$ ergab sich $F_1 = 5$, was ebenfalls eine Primzahl ist. Und auch $F_2 = 17$, $F_3 = 257$ und $F_4 = 65537$ sind Primzahlen. Bis 1732 wurden keine weiteren Fortschritte gemacht, als Euler zeigte, dass $F_5 = 4294967297 = 641 \times 6700417$ und damit keine Primzahl ist. Anschließend dauerte es bis 1880, als Landry eine Faktorisierung für $F_6 = 274177 \times 67280421310721$ fand, eine wahre Heldentat in einer Zeit, in der alle Berechnungen manuell durchgeführt werden mussten. 1975 gelangten Morrison und Brillhart noch einen Schritt weiter, indem sie $F_7 = 59649589127497217 \times 5704689200685129054721$ faktorisierten (mit Hilfe eines Computers). Bisher wurden keine weiteren Primzahlen von Fermat gefunden, aber es konnte auch niemand beweisen, dass es keine weiteren gibt. Die Berechnung der Primfaktoren, die sie faktorisieren, ist allerdings auch eine abschreckende Arbeit.

Warum interessieren wir uns überhaupt dafür, ob Zahlen dieser Form Primzahlen sind oder nicht? Eine Antwort stammt von Gauß, als er zeigte, dass die Anzahl der Seiten eines regelmäßigen Polygons, das nur unter Verwendung eines Zirkels und eines Lineals in einen Kreis gezeichnet wird, so ausgelegt sein müssen, dass die Faktorisierung nur Zweien und unterschiedliche Fermat-Zahlen enthält. So können beispielsweise mit einem Lineal und einem Zirkel ein Dreieck (drei Seiten), ein Quadrat ($4 = 2^2$ Seiten), ein Fünfeck (5 Seiten), ein Sechseck (2×3 Seiten), ein Achteck ($8 = 2^3$ Seiten) oder ein Zehneck ($10 = 2 \times 5$ Seiten) gezeichnet werden, aber nicht ein Siebeneck (7 ist keine Fermatsche Primzahl) und auch kein Neuneck ($9 = 3^2$ ist das Produkt aus zwei gleichen Fermatschen Primzahlen). Es gibt Verfahren für annähernde Zeichnungen für diese Fälle, die jedoch nie präzise sind.

einer entsprechenden perfekten Zahl. Hunderte von Freiwilligen nehmen derzeit am GIMPS-Projekt (Great Internet Mersenne Prime Search) teil und versuchen, Mersenne-Primzahlen zu finden. Sie bieten dazu ihre Computer an, um ein Programm von George Woltman auszuführen. Das Ergebnis dieser gemeinsamen Arbeit führte im August 2008 zu der Meldung, dass die größte heute bekannte Mersenne-Primzahl

DAS PROBLEM DER ARABISCHEN PERLEN

Júlio César de Mello e Souza beschreibt unter seinem Pseudonym Malba Tahan in seinem Buch *Der Mann, der zählte* (erschienen 1949) ein faszinierendes Problem. „Ein Maharadscha hinterließ seinen Töchtern eine unbekannte Anzahl Perlen und wollte, dass sie wie folgt aufgeteilt wurden: Seine erste Tochter sollte eine Perle plus ein Siebtel der verbleibenden Perlen erhalten, seine zweite Tochter sollte zwei Perlen plus ein Siebtel der verbleibenden Perlen erhalten, seine dritte Tochter sollte drei Perlen plus ein Siebtel des Rests erhalten. Und so weiter, für alle seine Töchter. Die jüngste Tochter beschwerte sich bei einem Richter, dass das komplizierte System äußerst unfair ihr gegenüber sei. Der Richter, wie es die Tradition verlangt, ein höchst gebildeter Mann, antwortete sehr schnell, dass die Anschuldigungen falsch seien, und dass die vom Maharadscha vorgesehene Aufteilung fair und perfekt sei. Der Richter hatte recht. Nachdem die Aufteilung vorgenommen war, hatte jede der Schwestern dieselbe Anzahl an Perlen." Die Frage ist, wie viele Perlen es insgesamt waren, und wie viele Töchter der Maharadscha hatte.
Die Lösung ist sehr einfach: Es gab 36 Perlen, und sie mussten zwischen 6 Töchtern geteilt werden. Die erste erhielt eine Perle plus ein Siebtel von 35, also 5. Es wurden ihr also 6 Perlen zugeteilt, blieben 30. Die zweite Tochter erhielt von den 30 Perlen 2 plus ein Siebtel von 28, das sind 4, sie erhielt also 6 Perlen und es waren 24 übrig. Die dritte Tochter erhielt 3 plus ein Siebtel von 21, also 3, und es blieben 18 übrig. Die vierte Tochter erhielt von den 18 Perlen 4 plus ein Siebtel von 14, also 2, insgesamt ebenfalls 6 Perlen. Die fünfte Tochter erhielt von den verbleibenden 12 Perlen 5 plus ein Siebtel von 7, also 1. Auch sie erhielt also 6 Perlen. Die jüngste Tochter schließlich erhielt die verbleibenden 6 Perlen. Bei ihren Rätseln kombinieren die Araber häufig eine literarische mit einer mathematischen Schönheit. Ein Erbe von 36 wunderbaren Perlen für sechs wunderschöne Töchter, weil 6 eine perfekte Zahl ist – und 36 das Quadrat einer perfekten Zahl.

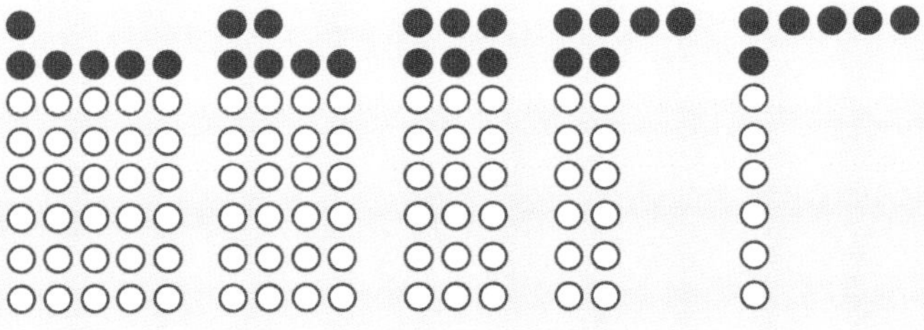

Grafische Darstellung des Problems der arabischen Perlen (Quelle: Der Mann, der zählte, *von Malba Tahan.)*

$2^{43112609}$ sei, was zu der größten bekannten perfekten Zahl führt, $2^{43112608} \times (2^{43112609} - 1)$, einer Zahl mit 25956376 Stellen! Am 12. Juni 2009 wurde berichtet, dass eine neue Mersenne-Primzahl gefunden wurde, die ein kleines bisschen kleiner war, $2^{42643901} - 1$, was wiederum zur siebenundvierzigsten perfekten Zahl führte, $2^{42643800} \times (2^{42643801} - 1)$, die nur 25674128 Stellen hat! Und obwohl sie immer seltener werden, und man sehr viel weiter suchen muss, um sie zu finden, weiß niemand, ob diese Zahlenmenge tatsächlich unendlich ist. Das GIMPS-Projekt sucht weiter danach.

Arithmetica von Diophant

Über das Leben von Diophant ist praktisch nichts bekannt – man weiß nicht einmal genau, wann er eigentlich gelebt hat. Wir haben jedoch einige Hinweise. Erstens verweist Diophant in der Definition der polygonalen Zahlen auf die Arbeit von Hypsicles, deshalb muss seine Arbeit nach dem Jahr 150 v. Chr. geschrieben worden sein. Und auch Theon von Alexandria, Vater von Hypatia, zitiert in seiner Arbeit mindestens eine der Definitionen von Diophant, woraus geschlossen werden kann, dass er *Arithmetica* vor 350 n. Chr. geschrieben hat. Derzeit herrscht also eine Ungewissheit von 500 Jahren über die Geburts- und Todesdaten von Diophant.

Einen besseren Hinweis über das Leben und die Zeit von Diophant finden wir in einem Brief von Michael Psellus, einem byzantinischen Autor aus dem 11. Jahrhundert. Die Übersetzung aus dem Griechischen von Thomas Heat besagt: „Diophant hat sich präziser damit [ägyptische Arithmetik] beschäftigt, aber der sehr gelehrte Anatolius fasste die wesentlichsten Teile der Lehre zusammen, wie von Diophant formuliert, allerdings auf eine andere Weise und in einer sehr viel knapperen Form. Sein Werk widmete er Diophant.“ Paul Tannery veröffentlichte diesen Brief in einer seiner Forschungsarbeiten und ging davon aus, dass Psellus auf einen Kommentar über Diophant verwies, dessen Original verlorengegangen war

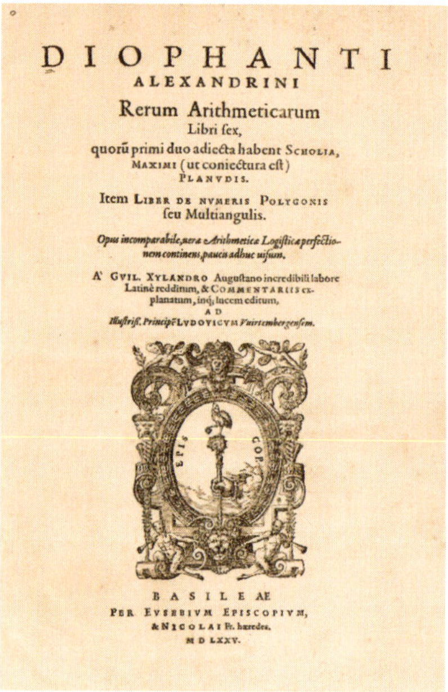

DIOPHANTI
ALEXANDRINI
Rerum Arithmeticarum
Libri ſex,
quorũ primi duo adiecta habent SCHOLIA,
MAXIMI (ut coniectura eſt)
PLANVDIS.
Item LIBER DE NVMERIS POLYGONIS
ſeu Multiangulis.
Opus incomparabile, uerae Arithmeticae Logiſticae perfectionem continens, paucis adhuc uiſum.
A' GVIL. XYLANDRO Auguſtano incredibili labore Latinè redditum, & COMMENTARIIS explanatum, inq; lucem editum,
AD
Illuſtriſ. Princip. LVDOVICVM *Vuirtembergenſem.*
BASILEAE
PER EVSEBIVM EPISCOPIVM,
& NICOLAI Fr. hæredes.
M D LXXV.

Titelblatt der Ausgabe von Diophants Arithmetica, *die 1575 in Basel gedruckt wurde.*

und das möglicherweise von Hypatia geschrieben wurde. Berücksichtigt man, dass der Anatolius, auf den in dem Brief verwiesen wird, der Bischof von Laodicea war, ein Autor und Mathematiklehrer, der im 3. Jahrhundert lebte, kommt man zu dem Schluss, dass Diophant seine Arithmetica etwa 250 n. Chr. geschrieben haben muss. Aber nicht alle Forscher sind mit dieser Übersetzung einverstanden, weil das anfängliche Datum nicht als definitiv betrachtet werden kann.

Wie für Fermat gibt es eine Grabinschrift, die das Alter von Diophant angibt. Sie findet sich in der griechischen Anthologie, die Metrodorus ca. 500 n. Chr. zusammengetragen hat. Diese Sammlung von Rätseln enthält auch eines über den Autor der *Arithmetica*, und es lautet:

> „Seine Kindheit dauerte ein Sechstel seines Lebens. Nach einem weiteren Siebtel heiratete er. Sein Bart wuchs nach einem weiteren Zwölftel, und sein Sohn wurde fünf Jahre später geboren. Der Sohn lebte halb so viele Jahre wie sein Vater, und der Vater starb vier Jahre nach dem Sohn."

Wenn wir x gleich dem Alter von Diophant setzen, dauerte seine Kindheit $x/6$ Jahre, er heiratete nach $x/7$ Jahren, sein Bart wuchs $x/12$ Jahre, sein Sohn wurde fünf Jahre später geboren, sein Sohn lebte $x/2$ Jahre und der Vater starb vier Jahre später. Daraus erhalten wir:

$$x = \frac{x}{6} + \frac{x}{7} + \frac{x}{12} + 5 + \frac{x}{2} + 4.$$

Multiplizieren wir beide Seiten der Gleichung mit 84, erhalten wir:

$$84x = 84 \times \frac{x}{6} + 84 \times \frac{x}{7} + 84 \times \frac{x}{12} + 84 \times 5 + 84 \times \frac{x}{2} + 84 \times 4.$$

Durch Kürzen erhalten wir:

$$84x = 14x + 12x + 7x + 420 + 42x + 336.$$

Und fassen wir die x zusammen, erhalten wir:

$$84x - 14x - 12x - 7x - 42x = 420 + 336.$$

Daraus ergibt sich $9x = 776$, also ist $x = \frac{756}{9} = 84$. Diophant heiratete also mit 26, mit 38 Jahren wurde ihm ein Sohn geboren, der 42 Jahre alt wurde, die Hälfte seiner eigenen Lebenszeit. Es ist jedoch nicht bekannt, ob dieses Rätsel nur eine Erfindung ist, oder ob es tatsächlich auf dem Leben des Mathematikers basiert.

DIE BÜCHER DER *ARITHMETICA* VON DIOPHANT

Die *Arithmetica* von Diophant besteht aus dreizehn Büchern, von denen sechs in griechischer Sprache erhalten sind. 1972 wurde ein arabisches Manuskript gefunden, das vier weitere Bücher enthält, die aus einer anderen Quelle stammen als die griechischen Bände. Dort werden zahlreiche Probleme beschrieben, in denen rationale Lösungen für polynominale Gleichungen mit rationalen Koeffizienten gesucht werden. Die Bücher aus der griechischen Quelle umfassen insgesamt 189 Probleme. Sie sind wie folgt verteilt:

Buch I: 25 lineare Probleme, 14 quadratische.

Buch II: 35 Probleme. Problem 8, zweifellos das berühmteste, führte zum sogenannten „letzten Satz von Fermat".

Buch III: 21 Probleme. Das berühmteste ist Nummer 19, wobei für die erste Lösung Geometrie angewendet wird.

Buch IV: 40 Probleme, die sich hauptsächlich auf Kubikzahlen beziehen.

Buch V: 30 Probleme. Die meisten davon (28) sind quadratische und kubische Probleme. Im letzten, Nummer 30, legt Diophant ein kombiniertes Problem vor.

Buch VI: 24 Probleme. Sie beschäftigen sich mit der Lösung rechtwinkliger Dreiecke mit rationalen Seiten.

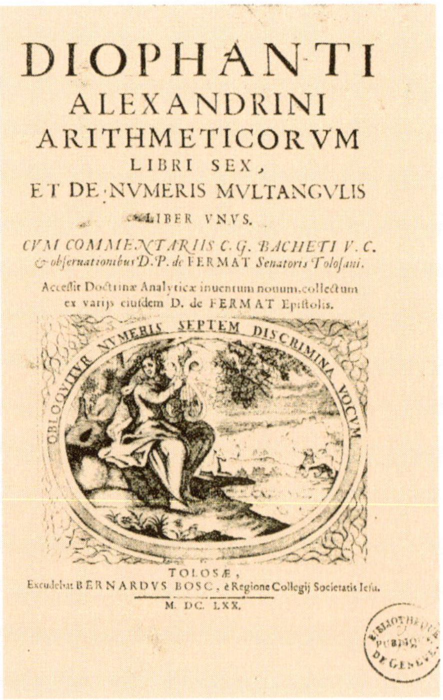

DIOPHANTI
ALEXANDRINI
ARITHMETICORVM
LIBRI SEX,
ET DE NVMERIS MVLTANGVLIS
LIBER VNVS.
CVM COMMENTARIIS C. G. BACHETI V. C.
& obseruationibus D. P. de FERMAT Senatoris Tolosani.
Accessit Doctrinæ Analyticæ inuentum nouum, collectum ex varijs eiusdem D. de FERMAT Epistolis.
OBLOQUITUR NUMERIS SEPTEM DISCRIMINA VOCUM
TOLOSÆ,
Excudebat BERNARDVS BOSC, è Regione Collegij Societatis Iesu.
M. DC. LXX.

Titelblatt einer Ausgabe der Arithmetica *von Diophant, die 1670 von Fermats Sohn nach dem Tode seines Vaters veröffentlicht wurde und die berühmten Kommentare des Mathematikers enthält.*

Die Bedeutung von Diophants Werks

Die Bedeutung der Werke von Diophant ist schwer zu beurteilen. Die von ihm vorgeschlagenen Probleme sind eine Herausforderung der Genialität und Kreativität. Sie zelebrieren die wunderbare Ästhetik der Mathematik. Obwohl Diophant keine komplizierte algebraische Notation verwendete, führte er algebraische Symbole ein, indem er eine Abkürzung für die Unbekannten sowie Potenzen der Unbekannten verwendete. Damit konnte er die Gleichungen einfacher ausdrücken. Außerdem verwendete er eine Abkürzung für das Wort *gleich*. Seine Arbeit stellt also einen wichtigen Schritt von der verbalen Algebra zur symbolischen Algebra dar.

Anhand der Probleme in der *Arithmetica* ist auch ersichtlich, dass Diophant mehr an speziellen als an allgemeinen Fällen interessiert war. Einige seiner spezifischen Methoden für die Auflösung können auch ganz einfach auf allgemeinere Fälle erweitert werden. Es ist jedoch offensichtlich, dass ihm eine leistungsfähige algebraische Notation fehlte, um Methoden allgemeiner ausdrücken zu können. Beispielsweise hatte Diophant nur

DIE ALGEBRAISCHE NOTATION VON VIÈTE

Heutzutage ist die Mathematik ohne symbolische Notation undenkbar. Die Entwicklung dieses Notationssystems ist jedoch das Ergebnis tausender Jahre harter Arbeit. Diophant und Euklid verwendeten Buchstaben, um ihre Beweise darzulegen. Viète schließlich sorgte für einen großen Fortschritt, was die algebraische Notation betrifft. In seiner Arbeit *In Artem Analyticem Isagoge* (Einführung in die Kunst der Analysis) von 1591 wies Viète auf das Interesse an algebraischen Methoden hin und versuchte, eine systematische Darstellung zu schaffen. Er schlug vor, die synthetische Methode für die Darlegung von Theorien, wie sie von den Griechen verwendet wurde, durch eine neue Methode zu ersetzen, mit der besser gezeigt werden könne, wie Probleme gelöst werden. Damit wurde ein neuer Fokus auf bereits Bekanntes gesetzt, in dem Versuch, kein mathematisches Problem ungelöst zu lassen. Viète zweifelte nicht daran, dass dank der Algebra alle Probleme lösbar seien.

Die Evolution des Notationssystems ist anhand des folgenden Beispiels für ein Polynom zu erkennen, dargestellt in der gekürzten Notation von Diophant, der symbolischen Notation von Viète und der modernen Notation von heute.

Gekürzte Notation von Diophant: $\mathrm{K}^{\Upsilon}\mathrm{K}\bar{\alpha}\Delta^{\Upsilon}\Delta\bar{\alpha}\Delta^{\Upsilon}\bar{\alpha}\dot{\mathrm{M}}\alpha \uparrow \mathrm{K}^{\Upsilon}\Delta\alpha\mathrm{K}^{\Upsilon}\bar{\alpha}\varsigma\bar{\alpha}$.

Symbolische Notation von Viète: $CC - CQ + QQ - C + Q - N + 1$.

Moderne Notation: $x^6 - x^5 + x^4 - x^3 + x^2 - x + 1$.

eine Notation für eine Unbekannte. Wenn ein Problem mit mehreren Unbekannten auftauchte, erhielten sie die Namen „erste Unbekannte", „zweite Unbekannte", „dritte Unbekannte" usw. Und er hatte auch kein Symbol für die Angabe einer beliebigen Zahl n, der Ausdruck $(6n + 1) / (n^2 + n)$ lautete also in seinen Worten: „Das Sechsfache der Zahl erhöht um eins, das durch die Differenz zwischen dem Quadrat und der Zahl selbst dividiert wird." Es ist leicht zu erkennen, wie schwierig es war, auf diese Weise komplizierte Ausdrücke zu entwickeln. Die Mathematik musste erst auf Viète warten, um von der abgekürzten Notation von Diophant zur modernen algebraischen Notation zu gelangen.

Die Verbreitung von Diophants Vermächtnis

Das mathematische Erbe von Diophant wurde den europäischen Mathematikern vom deutschen Astronomen Johann Müller aufgezeigt, auch als Regiomontanus bekannt, der ca. 1463 eine Kopie der *Arithmetica* in Venedig entdeckte und feststellte, „dass noch niemand die dreizehn Bücher von Diophant aus dem Griechischen ins Lateinische übersetzt hatte, in dem die wahre Blüte der gesamten Mathematik verborgen liegt". Etwa 1570 übersetzte Rafael Bombelli einen Teil der *Arithmetica*, der jedoch nie veröffentlicht

Ein Porträt von Johann Müller, bekannt auch als Regiomontanus, der im 15. Jahrhundert eine Kopie von Diophants Werk fand.

HYPATIA VON ALEXANDRIA

Das Leben Hypatias wird von einer Legende umrankt. Man ist sich über ihr Geburtsdatum nicht einig, doch man weiß, dass sie im Jahr 415 n. Chr. starb. Die Historiker können sich allerdings nicht darauf verständigen, wie alt sie zum Zeitpunkt ihres Todes war. Theon, ihr Vater, war ein bekannter Gelehrter und Mathematiklehrer aus Alexandria. Mit seiner Erziehung entfachte er in Hypatia die Begeisterung für die Wissenschaften. Außerdem brachte er ihr viel über die verschiedenen Weltreligionen bei und zeigte ihr, wie sie mit Sport ihren Körper gesund und stark halten konnte. Hypatia wurde schnell zu einer hervorragenden Lehrerin, und viele Menschen aus anderen Städten kamen, um bei ihr zu studieren. Ihre Studenten bildeten eine Gruppe aus einander eng verbundenen heidnischen Adeligen und Christen, die zum Teil hohe Posten innehatten. Der Philosoph Dimascius sagte, dass „sie eine höhere Ebene praktischer Tugenden in der Kunst des Lehrens erreicht hatte, ehrenhaft und weise und ihr Leben lang Jungfrau".

Hypatia beschäftigte sich mit Astronomie, Astrologie und Mathematik. Gemäß den Belegen in den Briefen von Synesius, einem ihrer Schüler, verbesserte Hypatia das Astrolabium und erfand ein Hydrometer. Außerdem bearbeitete und kommentierte sie die Werke vieler Mathematiker, um sie besser verständlich zu machen, u. a. *Konika* (Über Kegelschnitte) von Apollonius und *Arithmetica* von Diophant. So trug sie zum Überleben dieser Theorien über die Jahrhunderte bei.

415 wurde Hypatia ermordet, und zwar bei Streitigkeiten zwischen den Jüngern des Bischofs Cyril und dem weltlichen Herrscher Orestes, einem ihrer früheren Schüler.

In diesem Fragment aus Die Schule von Athen *von Raffael erscheint Pythagoras im Vordergrund, im Hintergrund steht in einem weißen Gewand Hypatia von Alexandria.*

wurde. Er übernahm jedoch zahlreiche Probleme Diophants in seine eigene Arbeit *Algebra*. 1575 veröffentlichte Wilhelm Holzmann, auch als Guilielmus Xylander bekannt, sein *Diophanti Alexandrini Rerum Libri Sex* in Basel – die erste lateinische Übersetzung der Arbeiten des Diophant. 1621 ging Bachet de Méziriac einen Schritt weiter und veröffentlichte eine neue Übersetzung in Paris unter dem Namen *Diophanti Alexandrini Arithmeticorum Libri Sex, et de Numeris Multangulis Liber Unus. Nunc Primum Graece et Latini Editi atque Absolutissimis Commentariis Illustrati*. Diese Ausgabe enthielt neben der lateinischen Übersetzung auch den griechischen Text und darüber hinaus eine Reihe von Hinweisen und Kommentaren.

Die Übersetzung von Bachet stellte einen außergewöhnlich wichtigen Impuls für die Zahlentheorie dar. Bachet selbst löste die lineare diophantische Gleichung $ax + by = cz$. Fermat schließlich erfand eine neue allgemeine Methode, den sogenannten unendlichen Abstieg, die er erfolgreich anwendete, um seine berühmte Theorie für den Fall $n = 4$ zu beweisen.

Vor der Übersetzung von Bachet schien die Zahlentheorie von geringem Interesse für die Mathematiker zu sein. Man dachte, die Probleme, die sie löste, waren einfach mathematische Besonderheiten, hübsch formuliert, aber eher von keinem praktischen Nutzen. Damals interessierte man sich vor allem für Geometrie und Analysis. Aber nach der Arbeit von Fermat gab es eine Wende im Status der Zahlentheorie, und sie wurde zu einem der wichtigsten Themen für die außergewöhnlichsten mathematischen Genies: Viète, Fermat, Descartes, Gauß, Euler, Jacobi, Lagrange, Legendre, Dirichlet, Dedekind, Kronecker usw. – nur ein paar der Mathematiker, die sich mit den innersten Eigenschaften der Zahlen beschäftigten. Gauß sprach von der Königin der Mathematik.

Ein Porträt von Joseph Louis de Lagrange, einem Mathematiker des 18. Jahrhunderts, der sich mit mehreren von Fermat vorgelegten Problemen auseinandersetzte.

LÖSUNGEN FÜR DIE LINEAREN DIOPHANTISCHEN GLEICHUNGEN

Bei den diophantischen Gleichungen müssen ganzzahlige Lösungen für Gleichungen mit ganzzahligen Koeffizienten gefunden werden. Lineare diophantische Gleichungen waren die ersten, die gelöst wurden. Sie führten zur Lösung vieler praktischer Probleme. Betrachten wir ein Beispiel. Angenommen, unser Nachbar geht einkaufen, um den Jahresvorrat an Öl zu besorgen. Er teilt uns mit, dass er zwei Angebote für Flaschen mit Öl gefunden hat, das eine mit 3,24 EUR pro Liter, das andere mit 4,50 EUR pro Liter, und dass er insgesamt 41,54 EUR ausgegeben hat. Wir sehen uns die Schachtel mit den Flaschen an und teilen ihm mit, dass 11 Liter Öl nicht für das gesamte Jahr reichen werden. Woher konnten wir wissen, wie viele Flaschen in der Schachtel waren, wenn die Schachtel geschlossen war? x sei die Anzahl der Flaschen für 3,24 EUR, und y die Anzahl der Flaschen für 4,50 EUR. Als Gleichung, die alle Ausgaben zusammenfasst, erhalten wir $3{,}24\,x + 4{,}50\,y = 43{,}20$. Diese Gleichung enthält Dezimalzahlen, aber wenn wir beide Seiten mit 100 multiplizieren, erhalten wir eine Gleichung mit ganzzahligen Koeffizienten: $324\,x + 450\,y = 4320$. Das Problem kann also gelöst werden, indem nach den Werten für x und y aufgelöst wird, die die Gleichung erfüllen. Tatsächlich suchen wir nach zwei ganzzahligen Werten, weil wir wissen, dass jeweils eine ganzzahlige Anzahl von Flaschen der verschiedenen Preisklassen gekauft wurde.

Die notwendige und ausreichende Bedingung, unter der eine lineare Gleichung mit ganzzahligen Koeffizienten ganzzahlige Lösungen hervorbringt, ist, dass der größte gemeinsame Teiler der Koeffizienten der Unbekannten den unabhängigen Term ohne Rest teilt. Der größte gemeinsame Teiler von 324 und 450 ist 18, was ein Teiler von 4154 ohne Rest ist. Dividiert man beide Seiten der Gleichung durch 18, erhalten wir $18\,x + 25\,y = 240$. Jetzt kann eine Wertetabelle gezeichnet werden, um die Gleichung zu lösen. Dazu geben wir x einen ganzzahligen Wert, beginnend mit 0. Der Wert für y, der die Gleichung erfüllt, wird bestimmt, mit anderen Worte $y = \frac{240 - 18x}{25}$.

x	y	x	y
0	9,6	7	4,56
1	8,88	8	3,84
2	8,16	9	3,12
3	7,44	10	2,4
4	6,72	11	1,68
5	6	12	0,96
6	5,28	13	0,24

Aus dieser Tabelle ist ersichtlich, dass die einzige Lösung mit positiven ganzen Zahlen $x = 5$, $y = 6$ ist, und dass unser Nachbar damit 11 Liter Öl gekauft haben muss.

Mit der Zeit wurden die Methoden für die Lösung solcher Gleichungen perfektioniert. Heute werden sie von Computerprogrammen und wissenschaftlichen Taschenrechnern ausgeführt.

1885 veröffentlichte Sir Thomas Heath die erste englische Übersetzung der *Arithmetica*. Es handelte sich um eine hervorragende Ausgabe, die 1910 überarbeitet wurde, und die Kommentare von Bachet, Fermat und anderen enthielt. Eine Arbeit zu kommentieren war übliche Praxis bei den Autoren der damaligen Zeit, und die verschiedenen Ausgaben oder Übersetzungen enthielten häufig Kommentare vom Herausgeber oder Übersetzer, wobei jedoch nicht immer deutlich wurde, was zum Original gehörte und was von der Person stammte, die das Buch schrieb. Man dachte vielleicht, eine Arbeit sei etwas, was im Lauf der Zeit erweitert werden könne, und dass jeder eingeladen sei, sie zu verstehen, sich damit zu beschäftigen und sie durch neue Beiträge zu vervollständigen. Aus diesem Grund ist es aus historischer Perspektive so wichtig, so viele Ausgaben wie möglich zu kennen, um zu erfahren, wie sich die Arbeit über die Jahre hinweg weiterentwickelt hat.

Nach der Studie des aktuell existierenden Manuskripts ging Tannery davon aus, dass sie alle aus einer gemeinsamen Quelle entstanden waren. Es könnte sein, dass diese gemeinsame Quelle die Ausgabe der *Arithmetica* war, die von Hypatia von Alexandria kommentiert worden war. Dieser Theorie nach gehören die sechs Bücher, die erhalten sind, zu dieser Ausgabe. Alle verlorenen Bücher gehören zu Versionen, die Hypatia nicht kommentiert hat. Trifft dies zu, ist der Erhalt dieses Teils des Vermächtnisses von Diophant Hypatia zu verdanken. Außerdem ist es sehr wahrscheinlich, dass dieser Teil ihre Beiträge enthält. Diese Theorie wird derzeit noch erforscht, und man ist noch zu keinem Ergebnis gelangt.

Die Probleme aus der *Arithmetica* von Diophant

Eine der Kopien der von Bachet kommentierten Ausgaben gelangte in die Hände von Fermat. Fermat sprach perfekt Latein und Griechisch, konnte die Arbeiten also in beiden Sprachen lesen. Darüber hinaus handelte es sich um eine kommentierte Ausgabe. Ein perfekter Ausgangspunkt für ihn, eigene Kommentare einzufügen.

Problem 32 aus Buch II

Dieses Problem besteht aus der folgenden Aussage:

> „Finde drei Zahlen, deren Quadrat addiert zur jeweils nächsten Zahl ein Quadrat ergibt."

Um dies zu lösen, müssen verschiedene Tests durchgeführt werden, und mit ein bisschen Glück findet man eine Lösung. Wir können beispielsweise 1 als erste Zahl auswählen. Laut Anweisung müssen wir sie quadrieren und die nächste Zahl hinzuaddieren, um ein weiteres Quadrat zu erhalten. Beispiel: $1^2 + 3 = 4 = 2^2$. Damit wurden 1 und 3 gewählt. Jetzt wird 3 quadriert und eine Zahl addiert, um ein weiteres Quadrat zu erhalten. Beispiel: $3^2 + 7 = 16 = 4^2$. Damit haben wir 1, 3 und 7. Jetzt müssen wir den Zyklus vervollständigen und prüfen, ob durch die Quadratur von 7 und die Addition von 1 wieder ein Quadrat entsteht: $7^2 + 1 = 50$. Schade. 50 ist keine Quadratzahl! Wir müssen also von vorn beginnen, mit anderen Zahlen. Das Ganze ist wie ein riesiges Puzzle. Alle Teile müssen zusammenpassen. Fermat verbrachte Stunden damit, solche Rätsel zu lösen. Für ihn war es eine Herausforderung seiner Vorstellungskraft – und vergleichbare Herausforderungen legte er später seinen Zeitgenossen vor.

Die Lösung von Problem 32

Diophant hatte eine Lösung für das oben beschriebene Problem, und es sieht nicht so aus, als hätte er sie zufällig gefunden! Vielmehr hatte er eine Art magische Methode, sie zu erhalten. Diophant schlägt die folgende Lösung vor:

> „Sei die erste Zahl x, die zweite $2x + 1$ und die dritte $2\,(2x + 1)+1$ oder $4x + 3$, sodass zwei der Bedingungen erfüllt sind. Die letzte Bedingung ergibt $(4x + 3)^2 + x =$ Quadratzahl $= (4x - 4)^2$. Wir erhalten also $x = 7/57$, und die Zahlen sind 7/57, 71/57 und 199/57.“

Aber wie ist es möglich, dass das funktioniert? Diophant verfügte zweifellos über ein außergewöhnliches Talent. Er nannte die erste Zahl x. Die zweite Zahl hätte er beliebig anders benennen können, aber er beschloss, sie $2x + 1$ zu nennen, weil er wusste, dass $x^2 + 2x + 1 = (x + 1)^2$ ist, womit die erste Bedingung bereits erfüllt war. Er hätte auch die dritte Zahl beliebig benennen können, aber er beschloss, sie $2\,(2x + 1)+1$ oder $4x + 3$ zu nennen, weil er wusste, das $(2x + 1)^2 + 2\,(2x + 1) + 1 = (2x + 2)^2$ ist, damit war auch die zweite Bedingung schon erfüllt. Jetzt musste nur noch die dritte Bedingung erfüllt werden, nämlich: $(4x + 3)^2 + x =$ Quadratzahl. Und hier kommt wieder das Genie zum Tragen: Diophant dachte, dieses Quadrat könne die Form $(4x - 4)$ haben, weil dann das Problem mit einer sehr einfachen Gleichung gelöst werden konnte:

$$(4x + 3)^2 + x = (4x - 4)^2.$$

Durch Auflösen erhalten wir:

$$16x^2 + 24x + 9 + x = 16x^2 - 32x + 16.$$

Subtrahieren wir $16x^2$ von beiden Seiten der Gleichung, erhalten wir:

$$24x + 9 + x = -32x + 16.$$

Lösen wir nach x auf, erhalten wir schließlich:

$$24x + x + 32x = 16 - 9 \rightarrow$$

$$57x = 7 \rightarrow$$

$$x = \frac{7}{57}.$$

Dies ist der erste Wert, nach dem wir suchen. Jetzt ist es einfach, die zweite Zahl zu ermitteln, $2x + 1 = 71/57$, und die dritte Zahl, $4x + 3 = 199/57$. Schließlich kann leicht bewiesen werden:

$$\left(\frac{7}{57}\right)^2 + \frac{71}{57} = \frac{4\,096}{3\,249} = \left(\frac{64}{57}\right)^2 \qquad \text{(erste Bedingung);}$$

$$\left(\frac{71}{57}\right)^2 + \frac{199}{57} = \frac{16\,384}{3\,249} = \left(\frac{128}{57}\right)^2 \qquad \text{(zweite Bedingung);}$$

$$\left(\frac{199}{57}\right)^2 + \frac{7}{57} = \frac{40\,000}{3\,249} = \left(\frac{200}{57}\right)^2 \qquad \text{(dritte Bedingung).}$$

Eigenschaften des Problems

In diesem Problem wird der Stil von Diophant deutlich, den Fermat bewundert haben muss. Einerseits war es die Art des Problems, das er löste: ästhetisch ganz und gar wundervoll, aber scheinbar nutzlos. Wer könnte schon an der Lösung dieses Problems interessiert sein? Man kann damit keinen Weizen zählen, kein Land vermessen und keine Sterne orten. Es handelt sich um eine reine Demonstration der Eigenschaften rationaler Zahlen. Sein Nutzen ist in der Symphonie der Zahlen zu finden, in der ewigen Suche, die interne Harmonie und die verschmolzenen Rhythmen zu erkennen. Die Lösung ist jedoch eine so gewaltige Herausforderung für den Verstand, dass die gesamte mathematische Kompetenz eingesetzt werden muss. Und tatsächlich war es Viète, der nach der Lektüre der *Arithmetica* die Grundlage der algebraischen Notation einführte, wie sie heute verwendet wird. Er verfolgte damit den Zweck, die Arbeit von Diophant verständlicher zu machen und immer komplexere Probleme zu lösen. Und auch Fermat kam nach der Lektüre der *Arithmetica* zu neuen Problemen und erfand neue Beweismethoden, die das Interesse an der Zahlentheorie wieder aufkeimen ließ. Die Primzahlen, die die Griechen so stark beschäftigt haben, sind die Grundlage der kompliziertesten Systeme, die heute für Verschlüsselung von Informationen sowie für Berechnungsmodelle des Universums verwendet werden.

Andererseits ist das gelöste Problem rein arithmetisch. Hätte es einen geometrischen Aspekt, eine quadrierte Zahl zu einer anderen Zahl zu addieren, um ein weiteres Quadrat zu erhalten, würde man beispielsweise eine Fläche zu einer Länge addieren, um eine Fläche zu erhalten, was bedeuten würde, dass man geometrische Größen unterschiedlicher Dimensionen addiert. Beim Satz von Pythagoras verhält es sich anders, weil er sagt, dass das Quadrat der beiden Seiten gleich dem Quadrat der Hypotenuse ist, mit anderen Worten, zwei addierte Flächen ergeben wieder eine (größere) Fläche. Geometrisch sind die in der Gleichung enthaltenen Größen gleich. Auch der Satz von Fermat verwendet Größen desselben Grades, $x^n + y^n = z^n$. Für den Exponenten $n = 3$ könnte man sich vorstellen, dass zwei Volumen addiert werden, um ein größeres Volumen zu ergeben. Für größere Exponenten sprechen wir von Hypervolumen in höherdimensionalen Räumen.

Parallele Beweisführung

Eine weitere Eigenschaft des Problems besteht darin, dass die Lösung keinesfalls trivial ist. Sie scheint nicht rein zufällig zu sein. Diese Eigenschaft findet man in vielen der Probleme aus der *Arithmetica*. Außerdem scheint es, Diophant hat sich mit einer bestimmten Lösung zufriedengegeben, ohne sich um die Lösung des allgemeinen Problems zu kümmern und alle möglichen Lösungen zu finden. Seine Exkurse öffnen jedoch die Türen zu einem Universum paralleler Schlussfolgerungen, mit denen alle neuen Lösungen gefunden werden können, die im Buch nicht aufgeführt sind.

Statt beispielsweise die letzte Bedingung gleich $4x - 4$ zu wählen, hätte man mit $4x - 5$ eine weitere, völlig korrekte Lösung erhalten:

$$(4x + 3)^2 + x = (4x - 5)^2 \rightarrow$$

$$16x^2 + 24x + 9 + x = 16x^2 - 40x + 25 \rightarrow$$

$$24x + 9 + x = -40x + 25 \rightarrow$$

$$24x + x + 40x = 25 - 9 \rightarrow$$

$$65x = 16 \rightarrow$$

$$x = \frac{16}{65}.$$

Wir erhalten damit eine weitere Lösung mit den Zahlen 16/65, 97/65 und 259/65.

Statt beispielsweise die letzte Bedingung gleich $4x - 4$ zu wählen, hätte man mit $5x - 3$ eine wiederum weitere, völlig korrekte Lösung erhalten:

$$(4x + 3)^2 + x = (5x - 3)^2 \rightarrow$$

$$16x^2 + 24x + 9 + x = 25x^2 - 30x + 9.$$

Subtrahieren wir jetzt 9 von beiden Seiten der Gleichung, erhalten wir:

$$16x^2 + 24x + x = 25x^2 - 30x.$$

Dividieren wir beide Seiten durch x, erhalten wir:

$$16x + 24 + 1 = 25x - 30 \rightarrow$$

$$24 + 1 + 30 - 25x - 16x \rightarrow$$

$$55 = 9x \rightarrow$$

$$x = \frac{55}{9}.$$

Wir erhalten also eine weitere Lösung mit den Zahlen 55/9, 119/9 und 247/9. Auch sie öffnen die Türen zu neuen Herausforderungen. Beispiel: Gibt es auch ganzzahlige Lösungen, die diese Bedingungen erfüllen?

Problem 29 aus Buch IV

Das berühmteste Problem aus der *Arithmetica* ist das Problem 29 aus Buch IV. Es besagt:

> „Finde vier Quadratzahlen, sodass ihre Summe addiert zur Summe ihrer Seiten eine vorgegebene Zahl ergibt“.

Auch hier erkennen wir wieder das Genie von Diophant:

> „Gegeben sei die Zahl 12. Jetzt ist $x^2 + x + 1/4$ = eine Quadratzahl. Damit ist laut der Hypothese die Summe der vier Quadrate + die Summe ihrer Seiten + 1 = die Summe von vier anderen Quadraten = 13. Wir müssen also 13 in die Summe von vier Quadraten unterteilen. Wenn wir von jeder ihrer Seiten 1/2 subtrahieren, haben wir die Seiten der gesuchten Quadrate. Jetzt ist

13 = 4 + 9 = (64/25 + 36/25) + (144/25 + 81/25), und die Seiten der gesuchten Quadrate sind 11/10, 7/10, 19/10, 13/10, die Quadrate selbst 121/100, 49/100, 361/100, 169/100."

Eine einwandfreie Begründung für den speziellen Fall $n = 12$. Das Problem von Diophant könnte in moderner Form wie folgt ausgedrückt werden:

„Finde x_1, x_2, x_3, x_4, sodass

$$x_1^2 + x_2^2 + x_3^2 + x_4^2 + x_1 + x_2 + x_3 + x_4 = n,$$

wenn n eine vorgegebene Zahl ist."

Addieren wir 1 zu jeder Seite der Gleichung, erhalten wir:

$$x_1^2 + x_2^2 + x_3^2 + x_4^2 + x_1 + x_2 + x_3 + x_4 + \frac{1}{4} + \frac{1}{4} + \frac{1}{4} + \frac{1}{4} = n + 1.$$

Ordnen wir die Terme um, und gehen wir von $n = 12$ aus, erhalten wir:

$$x_1^2 + x_1 + \frac{1}{4} + x_2^2 + x_2 + \frac{1}{4} + x_3^2 + x_3 + \frac{1}{4} + x_4^2 + x_4 + \frac{1}{4} = 12 + 1.$$

Berücksichtigt man nun, dass $x^2 + x + \frac{1}{4} = (x + 1/2)^2$, können wir schreiben:

$$\left(x_1 + \frac{1}{2}\right)^2 + \left(x_2 + \frac{1}{2}\right)^2 + \left(x_3 + \frac{1}{2}\right)^2 + \left(x_4 + \frac{1}{2}\right)^2 = 13.$$

Wir müssen also 13 als die Summe von vier Quadratzahlen ausdrücken. In diesem speziellen Fall ist leicht zu erkennen, dass 13 die Summe von zwei Quadratzahlen ist, 4 + 9, und der Satz von Pythagoras kann verwendet werden, um jede dieser Quadratzahlen als Summe von zwei anderen auszudrücken, wie Diophant selbst in einem anderen der Probleme in der *Arithmetica* erklärte.

Die Zahlen 4, 3, 5 bilden ein pythagoreisches Tripel, mit anderen Worten $4^2 + 3^2 = 5^2$. Wenn wir jetzt durch 5^2 dividieren, erhalten wir $(4/5)^2 + (3/5)^2 = 1$. Wenn wir dann beide Seiten der Gleichung mit 2^2 multiplizieren, erhalten wir $(8/5)^2 + (6/5)^2 = 2^2$, mit anderen Worten $(64/25) + (36/25) = 4$. Multiplizieren wir beide Seiten der Gleichung mit 3^2, erhalten wir $(12/5)^2 + (9/5)^2 = 3^2$, mit anderen Worten $(144/25) + (81/25) = 9$, was der von Diophant vorgeschlagenen Zerlegung entspricht. Wir erhalten also die Lösung:

$$(x_1 + 1/2) = 8/5.$$
$$(x_2 + 1/2) = 8/5.$$
$$(x_3 + 1/2) = 8/5.$$
$$(x_4 + 1/2) = 8/5.$$

Subtrahieren wir 1/2, erhalten wir die von Diophant vorgeschlagene Lösung. Das Unglaubliche an der Lösung ist, dass $13 = 1 + 4 + 4 + 4$ ist, mit anderen Worten, es wäre überhaupt nicht notwendig gewesen so weit zu gehen, um 13 in die Summe von vier Quadraten zu zerlegen! Diese Aufteilung hätte die Lösung 1/2, 3/2, 3/2, 3/2 ergeben.

Eine rätselhafte Anmerkung

Bachet erkannte, dass Diophant in diesem und in anderen Problemen aus der *Arithmetica* scheinbar voraussetzte, dass alle Zahlen als die Summe von vier Quadraten ausgedrückt werden können, und fügte selbst hinzu, dass er dies tatsächlich für alle Zahlen bis 325 überprüft hatte, dass er aber gerne einen Beweis hätte. Und hier kommt das Genie von Fermat ins Spiel, der schrieb: „Ich habe als Erster einen wunderbaren Satz der größtmöglichen Allgemeinheit entdeckt, nämlich: Jede Zahl ist entweder eine Dreieckszahl oder die Summe von zwei oder drei Dreieckszahlen; jede Zahl ist ein Quadrat oder die Summe von zwei, drei oder vier Quadraten; jede Zahl ist eine Fünfeckszahl oder die Summe aus zwei, drei, vier oder fünf Fünfeckszahlen, und unendlich so weiter, für Hexagone, Heptagone und beliebige Polygone. Dieser Ausdruck eines allgemeinen und wunderbaren Satzes kann in Übereinstimmung mit der Anzahl der Winkel beliebig abgeändert werden." Er endet schließlich mit der Aussage: „Den Beweis, der von mehreren seltsamen Mysterien der Zahlen abhängig ist, kann ich hier nicht zeigen. Ich habe beschlossen, eine separate und vollständige Arbeit zu diesem Thema zu verfassen, und damit die Arithmetik in diesem Forschungsbereich maßgeblich weiterzuentwickeln, über alle zuvor bekannten Grenzen hinaus."

Diese Arbeit erblickte aber niemals das Licht der Welt. Hat er sie jemals geschrieben? Hatte er wirklich einen Beweis? Man weiß es nicht. Dies ist ein weiteres Rätsel von Fermat. Sicher ist, dass Mathematiker wie Legendre, Lagrange, Euler und Gauß sich mit diesem Problem beschäftigten und Teillösungen entwickelten.

1770 zeigte Joseph Louis de Lagrange den Fall für das Quadrat, mit anderen Worten, dass alle natürlichen Zahlen als die Summe von vier Quadratzahlen ausgedrückt werden können. Der Beweis für den Dreiecksfall ist Gauß zuzuschreiben, der am 10. Juli in sein Tagebuch schrieb: „**EΥRHKA num= $\Delta + \Delta + \Delta$."

Dies war äquivalent mit dem Beweis, dass alle Zahlen der Form $8m + 3$ als die Summe von drei ungeraden Quadratzahlen ausgedrückt werden können. Dirichlet seinerseits widmete sich der Studie, auf wie viele verschiedene Arten eine Zahl als die Summe von drei Dreieckszahlen ausgedrückt werden kann. 1813 schließlich fand Cauchy einen vollständigen Beweis. Es dauerte fast 150 Jahre, um die Notiz aus einer Randspalte aufzulösen.

Ein Porträt des Mathematikers Augustin Louis Cauchy, der die Beweise für das von Fermat vorgelegte Problem 29 aus Diophants IV. Buch fertigstellte.

Zurück zu Buch II: Problem 8

Problem 8 in Buch II ist zweifellos von größter Bedeutung für diese Geschichte. Darin formuliert Diophant das folgende Problem:

„Zerlegen Sie ein Quadrat in die Summe aus zwei Quadraten."

Er gibt die folgende Lösung vor:

„Sei die Quadratzahl gleich 16. Sei x^2 eine der Quadratzahlen, die wir suchen. Damit ist $16 - x^2$ gleich einer Quadratzahl. Nehmen wir eine Quadratzahl der

Form $(mx - 4)^2$, wobei m eine beliebige ganze Zahl und 4 die Quadratwurzel von 16 ist. Nehmen wir $(2x - 4)^2$ als Beispiel und setzen wir es gleich $16 - x^2$. Damit erhalten wir $4x^2 - 16x + 16 = 16 - x^2$ oder $5x^2 = 16x$, und $x = 16/5$. Die Quadratzahlen, nach denen wir suchen, sind also 256/25, 144/25."

Hier wird dieselbe Technik angewendet wie für Problem 32 aus Buch II. Es hätte jede andere Zahl für m verwendet werden können, womit wir unendlich viele Lösungen erhalten, die alle ganz einfach zu finden sind. In der Randspalte der Seite für dieses Problem schrieb Fermat einen Kommentar, der Geschichte machen sollte:

„Cubum autem in duos cubos, aut quadrato-quadratum in duos quadrato-quadratos, et generaliter nullam in infinitum ultra quadratum potestatem in duos eiusdem nominis fas est dividere cuius rei demonstrationem mirabilem sane detexi. Hanc marginis exiguitas non caperet."

Übersetzt bedeutet dies:

„Es ist unmöglich, dass eine Kubikzahl die Summe aus zwei Kubikzahlen ist, dass eine vierte Potenz die Summe aus zwei vierten Potenzen ist, oder allgemein für jede Zahl, die eine Potenz größer der Zweiten ist, die Summe von zwei Zahlen gleicher Potenz ist. Ich habe einen wahrhaft wunderbaren Beweis für diesen Vorschlag gefunden, aber der Rand dieser Buchseite ist nicht ausreichend, um ihn zu fassen."

Mit anderen Worten, er sagt, dass die Gleichung $x^n + y^n = z^n$ keine rationalen Lösungen hat, wenn $n > 2$ ist. Fermat gibt als Entschuldigung an, dass der wunderbare Beweis, den er im Kopf hat, nicht in die Randspalte der Buchseite passt. Diese Entschuldigung aufgrund mangelnden Platzes ist dieselbe wie im Hinweis zu Problem 29 in Buch IV. Natürlich hat seine lang erwartete Lösung niemals das Licht der Welt erblickt.

Dieser Kommentar von Fermat ist zusammen mit einigen anderen immer wieder erstaunlich. Andererseits scheint es, als hätte er nie die Absicht gehabt, sie zu veröffentlichen. Aus diesem Grund wurden auch nie Beweise jeglicher Art von ihm erwartet. Seine Notizen hatten eher den Anschein, dass sie ihm halfen, sich an etwas zu erinnern, worüber er nachgedacht hatte, um sich später genauer mit dem Problem zu beschäftigen. Andererseits sind sie so geschrieben, dass scheinbar davon ausgegangen wurde, dass ein anderer sie lesen würde. Was für einen Sinn würde es sonst machen, sich selbst daran zu erinnern, dass der Rand der Buchseite nicht genügend Platz für einen Beweis bietet, oder dass er den Beweis nicht darlegen kann, weil er vorhat, eine ganze Arbeit zu dem Thema zu veröffentlichen? Es ist so, als hätte er das Buch wie ein persönliches Notizbuch verwendet, gleichzeitig aber im Sinn gehabt, eine kommentierte Ausgabe der *Arithmetica* zu erstellen, mit der Absicht, sie eines Tages zu veröffentlichen.

Die Beiträge von Fermat

Unabhängig davon, was er damit vorhatte, der Kommentar ist nicht verlorengegangen. Fermat kam bei mehreren Gelegenheiten darauf zurück und versuchte in der Tat, seinen „wunderbaren Beweis“ zu formulieren. Als erstes erkannte Fermat, dass alle rationalen Lösungen zu einer ganzzahligen Lösung führen, indem mit dem kleinsten gemeinsamen Vielfachen der Nenner multipliziert wurde. Dies reicht aus, um zu zeigen, dass die Gleichung keine ganzzahligen Lösungen hat.

Außerdem ist leicht zu erkennen, dass nur die Fälle für $n = p$, wobei p eine Primzahl ist, und $n = 4$ bewiesen werden müssen. Alle anderen Fälle würden automatisch bewiesen. Wenn $n = pm$ ist, dann wird die Gleichung zu $x^n + y^n = z^n$ zu $x^{mp} + y^{mp} = z^{mp}$, was

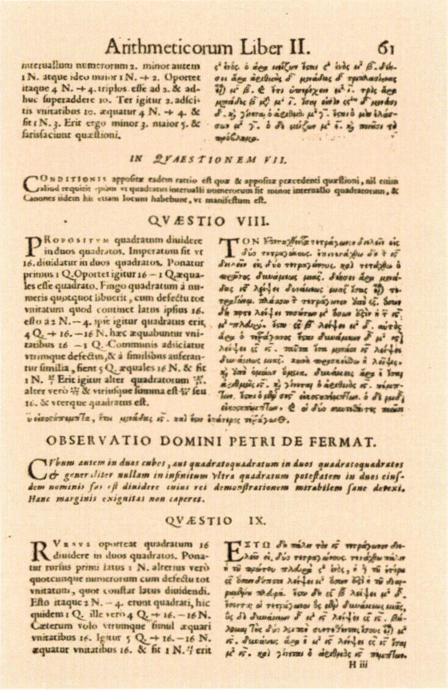

Arithmeticorum Liber II. 61

interuallum numerorum 2. minor autem 1 N. atque ideo maior 1 N. + 2. Oportet itaque 4 N. + 4. triplos esse ad 2. & adhuc superaddere 10. Ter igitur 2. adscitis vnitatibus 10. æquatur 4 N. + 4. & fit 1 N. 3. Erit ergo minor 3. maior 5. & satisfaciunt quæstioni.

[illegible]

IN QVAESTIONEM VII.

CONDITIONIS appositæ eadem ratio est quæ & appositæ præcedenti quæstioni, nil enim aliud requirit quam vt quadratus interualli numerorum sit minor interuallo quadratorum, & Canones iidem hic etiam locum habebunt, vt manifestum est.

QVÆSTIO VIII.

PROPOSITVM quadratum diuidere in duos quadratos. Imperatum sit vt 16. diuidatur in duos quadratos. Ponatur primus 1 Q. Oportet igitur 16 − 1 Q. æquales esse quadrato. Fingo quadratum à numeris quotquot libuerit, cum defectu tot vnitatum quod continet latus ipsius 16. esto à 2 N. − 4. ipse igitur quadratus erit 4 Q. + 16. − 16 N. hæc æquabuntur vnitatibus 16 − 1 Q. Communis adiiciatur vtrimque defectus, & à similibus auferantur similia, fient 5 Q. æquales 16 N. & fit 1 N. 16/5. Erit igitur alter quadratorum 256/25. alter verò 144/25 & vtriusque summa est 400/25 seu 16. & vterque quadratus est.

ΤΟΝ [illegible]

OBSERVATIO DOMINI PETRI DE FERMAT.

CVbum autem in duos cubos, aut quadratoquadratum in duos quadratoquadratos & generaliter nullam in infinitum vltra quadratum potestatem in duos eiusdem nominis fas est diuidere cuius rei demonstrationem mirabilem sane detexi. Hanc marginis exiguitas non caperet.

QVÆSTIO IX.

RVRSVS oporteat quadratum 16 diuidere in duos quadratos. Ponatur rursus primi latus 1 N. alterius verò quotcunque numerorum cum defectu tot vnitatum, quot constat latus diuidendi. Esto itaque 2 N. − 4. erunt quadrati, hic quidem 1 Q. ille verò 4 Q. + 16. − 16 N. Cæterum volo vtrumque simul æquari vnitatibus 16. Igitur 5 Q. + 16. − 16 N. æquatur vnitatibus 16. & fit 1 N. 16/5 erit

ΕΣΤΩ [illegible]

H iii

Die Seite aus Diophants II. Buch der Arithmetica *mit Problem 8 in der Ausgabe von 1670 mit einem Kommentar von Fermat.*

wiederum zu $(x^m)^p + (y^m)^p = (z^m)^p$ führt. Wenn es keine Lösung für den Exponenten p gibt, gibt es auch keine für Vielfache von p. Auf dieselbe Weise ist offensichtlich, dass wenn es keine Lösung für den Exponenten $n = 4$ gibt, es auch keine für Exponenten gibt, die Vielfache von 4 sind. Fermat konzentrierte sich darauf zu zeigen, dass seine Gleichung keine ganzzahligen Lösungen für $n = p$ hatte, wenn p eine Primzahl ist und wenn $n = 4$ ist.

Alles schien darauf hinzudeuten, dass er die Fälle $n = 3$ und $n = 4$ gelöst hatte. Der Beweis für den Fall $n = 3$ wurde nie gefunden, aber Fermat verweist in einigen seiner Briefe darauf. Der Beweis für $n = 4$ wurde gefunden, und er ist von größter Schönheit. Er erfindet darin die Methode der unendlichen Abstiege. Er zeigt, dass wenn es drei natürliche Zahlen x, y, z ungleich 0 gibt, die die Gleichung $x^4 + y^4 = z^4$ erfüllen, auch drei andere, kleinere natürliche Zahlen x', y', z' ungleich 0 dieselbe Gleichung erfüllen können.

Auf diese Weise können durch aufeinanderfolgende Schlussfolgerungen immer kleinere Lösungen gefunden werden, alle natürlich und ungleich null. Dies führt aber

DIE PARTIELLEN LÖSUNGEN VON FERMAT FÜR DEN 3. GRAD

Es ist zwar richtig, dass die Gleichung $x^3 + y^3 = z^3$ keine ganzzahligen Lösungen außer 0 enthält, aber sie hat „fast" ganzzahlige Lösungen, weil es einige Werte von x, y und z gibt, die die Gleichung „fast" erfüllen. Man kann ganz einfach zeigen, dass $5^3 + 6^3 = 7^3 - 2$ sich nur um zwei Einheiten von der von Fermat vorgeschlagenen Gleichung unterscheidet. Ein noch interessanterer Fall wäre $6^3 + 8^3 = 9^3 - 1$. Es scheint unglaublich, dass es keine passenden ganzen Zahlen gibt, wo die Lösung so nahe liegt!

Was würde passieren, würde der Gleichung von Fermat ein Term hinzugefügt? Überraschenderweise gibt es in diesem Fall Lösungen ungleich Null! Tatsächlich sind $3^3 + 4^3 + 5^3 = 6^3$ und $7^3 + 14^3 + 17^3 = 20^3$.

Mit ihrem ganz eigenen Humor zeigt eine Szene aus der Serie *Die Simpsons* die Gleichung $1782^{12} + 1841^{12} = 1922^{12}$. Hat Lisa endlich das Rätsel von Fermat gelöst? Betrachtet man das Ganze genauer, ist zu erkennen, dass dies wieder ein Beispiel für eine „Fast"-Lösung ist, die bis zur neunten Stelle der Zahl im Dezimalsystem korrekt ist. In einer anderen Folge verbessert sie ihre Lösung: In *Im Schatten des Genies* ist $3987^{12} + 4365^{12} = 4472^{12}$ eine „Fast"-Lösung, die bis zur zehnten Stelle stimmt und zufällig mit der Anzahl der Einheiten der Zahl im Dezimalsystem zusammenfällt. Ein standardmäßiger Taschenrechner mit einer 8-stelligen Anzeige würde dieses Ergebnis nicht einmal erkennen.

offensichtlich zu einer Absurdität, weil natürliche Zahlen nicht unendlich klein sein können. Daraus schließt er, dass diese Lösungen nicht existieren.

Mit seiner Demonstration des unendlichen Abstiegs war Fermat der Meinung, dass er eine allgemeine Methode abgeleitet habe, die eine Lösung für jede Frage der Zahlentheorie gestattet; so wie Descartes dachte, er könne mit Hilfe der analytischen Geometrie alle Probleme der Natur lösen. Aber die Realität ist meistens eine andere.

Ihre Komplexität kann nicht mit nur einer einzigen Methode beherrscht werden, unabhängig davon, wie leistungsfähig diese sein mag. Es gibt immer wieder neue Ausnahmen, die das menschliche Genie herausfordern und die uns zu immer höheren – und tieferen – Stufen führen. Und genau das ist auch mit dem letzten Satz von Fermat passiert.

Der unendliche Abstieg gestattete es Fermat zweifellos, einen Beweis für den Fall $n = 3$ zu zeigen, aber wahrscheinlich erkannte auch er, dass höhere Fälle nicht so einfach zu bewältigen wären. Dennoch war der Beitrag Fermats spektakulär. Durch den Beweis für den Fall $n = 4$ hatte er eine neue Methode für mathematische Beweise gefunden, die sich als außerordentlich praktisch erwies. Und er hatte auch gezeigt, dass seine Theorie für die Hälfte der Exponenten funktioniert, was schon sehr viele sind! Aber gleichzeitig hat er die Lösung aller anderen Fälle offengehalten, eine Aufgabe, der sich die größten Mathematiker jedes Zeitalters widmeten – bisher ohne Erfolg.

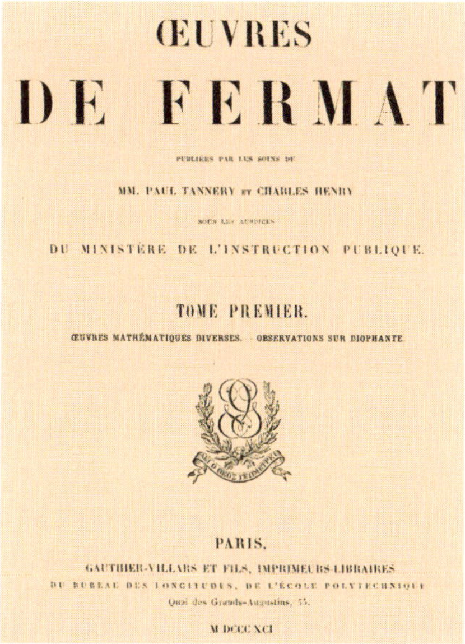
ŒUVRES

DE FERMAT

PUBLIÉES PAR LES SOINS DE

MM. PAUL TANNERY ET CHARLES HENRY

SOUS LES AUSPICES

DU MINISTÈRE DE L'INSTRUCTION PUBLIQUE.

TOME PREMIER.

ŒUVRES MATHÉMATIQUES DIVERSES. – OBSERVATIONS SUR DIOPHANTE.

PARIS,

GAUTHIER-VILLARS ET FILS, IMPRIMEURS-LIBRAIRES

DU BUREAU DES LONGITUDES, DE L'ÉCOLE POLYTECHNIQUE

Quai des Grands-Augustins, 55.

M DCCC XCI

Eine illustrierte Ausgabe des Werks von Fermat aus dem 19. Jahrhundert, nach seinem Tode erschienen.

Ein unveröffentlichtes Genie

Es wurde bereits mehrfach erwähnt, dass Fermat seine Arbeiten nicht veröffentlichen wollte. Aber das stimmt nicht ganz. Bereits 1636 sandte er Mersenne seine *Maxima- und Minima-Methode*, und bat ihn, sie den Mathematikern in Paris vorzustellen. Und auch in seiner ein Leben lang geführten Korrespondenz stellte er nicht nur Aufgaben, sondern gab auch Hinweise zu deren Lösungen, und in einigen Fällen erklärte er seine Methode auch sehr detailliert.

1654 nahm Fermat seine Korrespondenz mit den Mathematikern in Paris wieder auf. Blaise Pascal nahm Kontakt mit ihm auf, um ihn um seine Meinung zu seinen Ideen zur Wahrscheinlichkeit zu bitten, und Fermat antwortete brillant im Hinblick auf die kombinatorische Analysis. Mit seinen Briefen schuf er die Grundlage zu einer neuen Disziplin der Mathematik: der Wahrscheinlichkeitstheorie. Und Fermat nutzte jede Gelegenheit, jedes seiner neuen Ergebnisse bekannt zu machen.

Zuerst schickte Fermat neue Probleme zur Zahlentheorie an Blaise Pascal, Gilles Personne de Roberval, John Wallis, William Brouncker, Bernard Frénicle de Bessy und andere. Unter anderem schlug er vor, die ganzzahligen Lösungen für $Nx^2 + 1 = y^2$ zu finden, wobei N keine Quadratzahl ist, zu zeigen, dass die Gleichung $x^2 + 2 = y^3$ nur eine Lösung mit natürlichen Zahlen hat, und zu zeigen, dass die Gleichung $x^2 + 4 = y^3$

William Brouncker war einer der vielen Mathematiker, mit denen Fermat einen Briefwechsel unterhielt.

nur zwei natürliche Lösungen hat. Fermat wusste, dass er, um diese und andere Probleme weitergeben zu können, neue Beweismethoden finden musste, die die Mathematik maßgeblich weiterbringen würden. Seine Zeitgenossen sahen in diesen Herausforderungen jedoch sehr spezifische Fälle, denen sie nicht viel Zeit widmen wollten. Nach und nach schaffte es Fermat jedoch, einige seiner Briefpartner zu überzeugen, sich mit diesen Problemen zu beschäftigen.

Fermat bat anschließend Pascal und De Carcavy, ihm dabei zu helfen, einen Herausgeber für seine Arbeit *Novus Secundarum et Ulterioris Radicum in Analyticis Usus* zu finden. Am 9. August 1654 schrieb er De Carcavy zu dieser Angelegenheit: „Wenn es Ihnen nichts ausmacht, könnten Sie beide [De Carcavy und Pascal] die Veröffentlichung [der Arbeit] übernehmen, die ich Ihnen als Verantwortliche anvertraue, und die Sie natürlich auch erläutern oder ergänzen können, wenn sie Ihnen zu knapp erscheint. Damit würden Sie mir eine große Last abnehmen. Ich möchte, dass die Arbeit ohne Nennung meines Namens erscheint, und ich überlasse es ganz Ihnen, als Autoren anzugeben, wen immer Sie dafür geeignet halten.“ De Carcavy wiederum wandte sich an Huygens. Aber niemand von ihnen konnte eine Veröffentlichung erreichen. Die Zeit verging, und die Arbeit von Fermat drohte, für immer in Vergessenheit zu geraten.

Fermat war sich dieser Situation bewusst und tat das, was er am besten konnte – er schrieb weitere Briefe. Er wollte nicht, dass sein Name in seiner Arbeit erschien. Wichtig

DER FALL 4*K* + 1

Ein Beispiel für die nicht ganz vollständigen Erklärungen in *Relation des Nouvelles Découvertes en la Science des Nombres* sind die Erläuterungen von Fermat unter Verwendung der Methode des unendlichen Abstiegs, zu zeigen, dass alle Primzahlen des Typs $4k + 1$ als die Summe von zwei Quadraten ausgedrückt werden können. Beginnend mit der Annahme, dass es eine Primzahl des Typs $4k + 1$ gibt, die nicht als die Summe von zwei Quadraten ausgedrückt werden kann, wird dann bewiesen, dass es eine kleinere Primzahl desselben Typs gibt, die ebenfalls nicht als die Summe von zwei Quadraten ausgedrückt werden kann. Dies führt zu einem Widerspruch, weil die Gleichung irgendwann die Zahl 5 erreicht, die kleinste Primzahl dieses Typs, die wiederum als die Summe von zwei Quadraten ausgedrückt werden kann, $5 = 2^2 + 1^2$.

Damit ist die Annahme bewiesen. Aber Fermat erklärt nicht, wie man beginnend mit der größten Primzahl die kleinste erhält. Erst mehrere Jahrzehnte später hat Euler den Schritt vervollständigt, den Fermat nicht erklärt hat. Noch ein Seitenrand, der leer geblieben ist, weil Fermat die Lösung im Kopf hatte – vielleicht.

war für ihn das Vermächtnis, das er der Wissenschaft hinterließ, sodass seine Arbeiten weiterentwickelt werden konnten. 1659 bat er De Carcavy, Huygens sein *Relation des Nouvelles Découvertes en la Science des Nombres* zu senden. Diese Arbeit erklärte zahlreiche Methoden detaillierter als üblich, aber nicht mit allen Details, die seine Kollegen sich gewünscht hätten.

Fermat starb, bevor er einen Verleger für seine Arbeit finden konnte. Ein Teil davon kam über seine Briefe ans Licht oder in den Veröffentlichungen anderer zeitgenössischer Mathematiker, die seine Ergebnisse kannten, aber ein Großteil wäre sicher verloren gegangen, hätte sich nicht sein Sohn Samuel dafür eingesetzt, der dieselbe Leidenschaft für Mathematik teilte. 1670 konnte Samuel Fermat eine Ausgabe der Übersetzung der *Arithmetica* des Diophant von Bachet mit den Kommentaren seines Vaters veröffentlichen.

Die von Fermat vorgeschlagenen Methoden überraschten seine Zeitgenossen immer wieder. Die Geschichte hatte gezeigt, dass seine Beiträge Ursprung einer geradezu endlosen Menge an neuen Theorien waren, die in dieser Zeit formuliert wurden.

Kapitel 5

Die Zutaten zu einer wahren Köstlichkeit

Kein Problem widersteht lange dem
Angriff beharrlichen Denkens.
Voltaire

1666, einige Jahre nach dem Tod ihres großen Förderers Mersenne wurde in Paris die Académie des Sciences gegründet. Jean-Baptiste Colbert, damaliger Finanzminister, hatte großzügige Ressourcen für diese prestigeträchtige Einrichtung bereitgestellt. Nach und nach lud er bedeutende Wissenschaftler aus der ganzen Welt ein, Teil daran zu haben. Zu ihnen gehörten auch einige der Briefpartner Mersennes. Und tatsächlich war es diese ausgewählte Gruppe an Wissenschaftlern, die die Verantwortung dafür übernahm, das ambitionierte Projekt zu unterstützen und Wirklichkeit werden zu lassen.

Der große Preis von Fermat

1721 schrieb die Académie des Sciences in Paris mehrere Preise aus, um wissenschaftliche Fortschritte bestimmter Themen maßgeblicher Bedeutung anzuregen. Die Jury bestand aus Experten mit weltweit anerkanntem Ruf. Zu den Gewinnern gehörten Forscher wie Colin Maclaurin für seine Arbeit zum Aufprall von Körpern 1724, Pierre Bouguer und Charles Étienne Louis Camus für ihre Beiträge zur Konstruktion von Schiffsmasten 1727, Leonhard Euler für eine Studie zur Natur des Feuers 1738, Charles Augustin de Coulomb für seine Forschung zur Reibung 1781, Siméon Denis Poisson für seine Erkenntnisse zur Elektrizität und Augustin Jean Fresnel für seine Studien zur Refraktion 1812.

Zu dieser Zeit waren die Herausforderungen, die Fermat für die Welt formuliert hatte, eine Quelle der Verzweiflung für zahlreiche Mathematiker, die versuchten, seine Aussagen zu beweisen – manchmal erfolgreich, manchmal nicht. Die hartnäckigste Vermutung von allen wurde als „letzter Satz von Fermat" bekannt. 1826 schrieb die

Académie einen Preis für denjenigen aus, der den letzten Satz beweisen könnte, mit dem Ziel, einen Durchbruch zu schaffen und die Forschung anzuregen. Viele Wissenschaftler beschäftigten sich damit oder bekräftigten zumindest ihre Kollegen darin, dies zu tun.

Die ersten zweihundert Jahre

Heinrich Wilhelm Matthäus Olbers war Arzt und Astronom, der lange Stunden damit verbrachte, den Himmel zu beobachten. 1802 fand er den riesigen Asteroiden Ceres an der Stelle, an der Gauß ihn vermutete, ein Jahr nachdem Guiseppe Piazzi den Himmelskörper entdeckt hatte, bevor er ihn später wieder aus den Augen verlor. 1807 entdeckte Olbers einen zweiten Asteroiden und erteilte Gauß die Ehre, diesem einen Namen

Der Besuch von König Ludwig XIV. bei der Académie des Sciences in Paris 1671, dargestellt in einer Radierung von Sébastien Le Clerc im Band Mémoires pour Servir a l'Histoire Naturelle des Animaux.

Der deutsche Arzt und Astronom Heinrich Olbers nach einer Lithografie von Rudolf Suhrlandt.

zu geben. Gauß schlug den Namen Vesta vor, die römische Göttin von Heim und Herd. Es stellte sich heraus, dass Vesta der hellste Körper im Asteroidengürtel war, manchmal mit bloßem Auge von der Erde aus sichtbar, ein Stern der sechsten Ordnung. Einige Tausend Jahre vorher verlor Vesta 1 % seiner Masse nach einem Aufprall, und viele der Fragmente trafen die Erde in Form von Meteoriten. Eines der von Olbers betrachteten Probleme war, warum der nächtliche Himmel so dunkel war, wenn er von unendlich vielen Sternen beleuchtet wurde. Eigentlich sollten sie ihn so hell wie das Tageslicht machen. Heute wird dieser Gedanke als „Olberssches Paradoxon" bezeichnet.

Als er davon hörte, dass die Académie einen Preis für den Beweis des letzten Satzes ausgesetzt hatte, wandte sich Olbers an seinen Freund Carl Friedrich Gauß und nötigte diesen teilzunehmen. Am 21. März 1816 antwortete Gauß: „Ich muss zugeben, dass mich der Satz von Fermat nicht weiter interessiert, weil ich ganz einfach eine Vielfalt an Vorschlägen dieses Typs machen könnte, die weder bewiesen noch dementiert werden können." Dennoch beschloss Gauß, über den Satz nachzudenken, wie seinen persönlichen Aufzeichnungen zu entnehmen ist, die Beweise für $n = 3$ und $n = 5$ enthielten. Möglicherweise hatte Gauß diese Versuche bereits unternommen, bevor Olbers sich an ihn wandte, und kannte die Schwierigkeit, sodass er die Einladung lieber ablehnte und weiterhin privat forschte, in der Hoffnung, ein Ergebnis zu finden. Ob er wirklich nur wenig Zeit auf das Problem aufwendete, weil er sich lieber anderen, interessanteren Themen widmen wollte, bleibt uns verborgen.

Trotz der Beurteilung von Gauß fühlten sich die großen Mathematiker der Zeit von der Theorie angezogen und machten sich auf die Suche nach einem Beweis. Es war nicht mehr nur der Preis der Académie, der sie lockte, sondern Ruhm und Ehre für denjenigen, der den Beweis erbringen konnte. Der Termin für die Abgabe der Ergebnisse rückte näher, und noch niemand hatte einen Beweis gefunden. Sehr wahrscheinlich hatte die Académie dies erwartet. Bevor der Preis ausgeschrieben wurde, hatten sich

Porträt des deutschen Mathematikers Johann Peter Gustav Lejeune Dirichlet.

bereits Leute wie Euler mit dem Problem beschäftigt, und selbst ein Genie seines Kalibers konnte es um 1760 nur für $n = 3$ beweisen. Wie bereits im vorigen Kapitel dargelegt, ist es wahrscheinlich, dass Fermat bereits mit seiner Methode des unendlichen Abstiegs einen Beweis für diesen Exponenten hatte, aber die mathematische Gemeinschaft konnte ruhiger schlafen, als man wusste, dass Euler ihn aufgeschrieben hatte. Es war klar, dass eine Kubikzahl nicht in die Summe zweier Kubikzahlen zerlegt werden konnte, aber konnte dasselbe auch für die übrigen Exponenten gesagt werden?

Die wissenschaftliche Gemeinschaft war zunehmend vom letzten Satz fasziniert. Der Deutsche Johann Peter Gustav Lejeune Dirichlet (1805-1859) und der Franzose Adrien-Marie Legendre (1752-1833) teilten sich ein paar Augenblicke des Ruhms, als sie gegen 1825 unabhängig voneinander den Beweis für den Exponenten $n = 5$ erbringen konnten. 1832 schaffte es Dirichlet, einen Schritt weiter zu gelangen und bewies den letzten Satz für den Exponenten $n = 14$. 1839 sicherte sich der Franzose Gabriel Lamé (1795-1870) einen Platz in der Geschichte mit dem Beweis für den Fall $n = 7$, acht Jahre vor der Ankündigung, dass er keinen allgemeinen Beweis finden konnte. Jeder Mathematiker konnte ein paar Exponenten beweisen. Berücksichtigt man, dass es unendlich viele Primzahl-Exponenten gibt, muss man sich fragen, ob es auch unendlich viele Leben lang dauert, einen Beweis zu finden.

Eine unerwartete Teilnehmerin

Das erste Zeichen der Hoffnung, dass viele Fälle gleichzeitig abgedeckt werden konnten, kam aus den Händen von Marie-Sophie Germain (1776-1831), der vielleicht größten Mathematikerin aller Zeiten, die 1823 bewies, dass wenn p und $2p + 1$ zwei Primzahlen größer 2 sind, $x^p + y^p = z^p$ keine trivialen Lösungen hat (mit anderen Worten, keine gemeinsamen Faktoren), in denen xyz nicht durch p teilbar ist. Die Regeln der Académie sahen nicht vor, dass Frauen ihre Ergebnisse persönlich einreichen durften, deshalb übernahmen es Legendre und sein Kollege Auguste-Louis Cauchy, die wissenschaftliche Gemeinschaft zu informieren.

Wie wir im vorigen Kapitel gesehen haben, wäre mit einem Beweis für die Primzahl-Exponenten auch der Beweis für alle natürlichen Exponenten erbracht. Ebenso ist leicht zu erkennen, dass wenn eine ganzzahlige Lösung x, y, z einen gemeinsamen Faktor hat, eine Division durch diesen Faktor auch eine ganzzahlige Lösung ergibt. Aus diesem Grund ist ein Beweis für die Primzahlen-Lösung des Satzes gleichzeitig ein allgemeiner Beweis. Nach Germain waren vor allem zwei Fälle aus der Gesamtheit der Lösungen für den letzten Satz interessant. Der erste Fall bestand aus den Lösungen, bei denen weder x noch y noch z durch p teilbar waren. Der zweite Fall wurde von Lösungen gebildet, bei denen x oder y oder z durch p teilbar waren. „Mit einem Bleistiftstrich", wie Legendre sagen sollte, bewies das Ergebnis von Germain den ersten Fall des Satzes von Fermat für eine riesige Gruppe von Exponenten. Die verbleibenden in einer Größenordnung von 100 wurden von Legendre selbst erledigt, der bewies, dass wenn p eine Primzahl ist, sodass $4p + 1$ oder $8p + 1$ oder $10p + 1$ oder $14p + 1$ oder

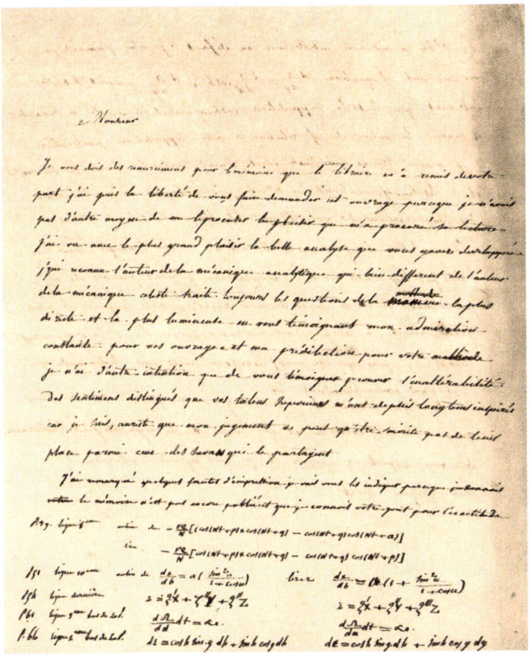

Ein Brief von Marie-Sophie Germain an den Mathematiker Joseph Louis de Lagrange. Die Forschung des französischen Mathematikers stellte einen wichtigen Schritt für die Lösung des letzten Satzes von Fermat dar.

SOPHIES ENTSCHEIDUNG

Marie-Sophie Germain.

Marie-Sophie Germain wurde 1776 als Tochter eines reichen Seidenhändlers in Paris geboren, dessen Haus Raum für philosophische und politische Diskussionen bot. Im Alter von drei Jahren las Sophie die bekannte Anekdote über den Tod von Archimedes, verursacht durch einen römischen Soldaten. Sie war davon so berührt, dass sie beschloss, selbst Mathematikerin zu werden. Bei Ausbruch der französischen Revolution versteckten ihre Eltern sie für sieben oder acht Jahre, um sie zu schützen. Das junge Mädchen machte das beste aus dieser Zeit und der Bibliothek ihres Vaters, um im Selbststudium Mathematik zu erlernen. Sophie las bei jeder Gelegenheit heimlich Newton und Euler. Die Entscheidung Sophies, ihr Leben einer akademischen Karriere zu widmen, zu dieser Zeit praktisch unerhört, war unerschütterlich und ihre Familie musste sie schließlich akzeptieren. Im Alter von 18 Jahren stellte sie fest, dass sich keine Frauen an der kurz zuvor gegründeten École Polytechique in Paris einschreiben konnten, wo führende Wissenschaftler wie beispielsweise Lagrange lehrten. Sie gab sich deshalb als alter Freund der Familie aus, Antone Auguste Le Blanc, um die Vorlesungen besuchen zu können. Unter diesem Pseudonym legte sie Lagrange Arbeiten vor, der so beeindruckt war, dass er sie zu einem Gespräch einlud. Sophie hatte keine Wahl und musste ihre wahre Identität aufdecken. Lagrange war anfänglich überrascht, bot aber an, ihr Lehrer zu sein und führte die junge Frau in zahlreiche Wissenschaftszirkel in Paris ein.

Germain unterhielt eine fruchtbare Korrespondenz mit Gauß, immer unter ihrem Pseudonym. Als er 1806 die wahre Identität seiner Briefpartnerin herausfand, schrieb er ihr: „Die Vorliebe für eine abstrakte Wissenschaft ganz allgemein und insbesondere für die Geheimnisse der Zahlen ist sehr selten. Aber eine Frau muss aufgrund ihres Geschlechts und unserer Traditionen und Vorurteile auf noch mehr Hindernisse stoßen. Wenn diese Person dieses Geschlechts diese Hindernisse dennoch überwinden und in die verborgensten Geheimnisse vordringen kann, muss sie zweifellos edlen Mut, ein wirklich außergewöhnliches Talent und einen überlegenen Geist besitzen." 1811 war Germain die einzige Teilnehmerin an einem Wettbewerb, den die Académie des Sciences ausgeschrieben hatte, um die mathematische Grundlage von Schwingungen in elastischen Oberflächen zu erklären. Nachdem man sie zweimal abgelehnt hatte, gewann sie den Preis 1816, womit sie die erste Frau war, die die Vorlesungen der Académie besuchen durfte (außer den Ehefrauen der Mitglieder). 1830 verlieh ihr die Universität Göttingen einen Ehrendoktortitel, aber Germain starb im darauffolgenden Jahr, bevor sie den Titel in Empfang nehmen konnte.

$16p + 1$ Primzahlen sind, der erste Fall des Fermatschen Satzes für den Exponenten p bewiesen war. Erst 1997 zeigte Terjanian, dass der erste Fall des Satzes für alle geraden Exponenten $2p$ gilt, wobei p eine Primzahl ist.

Wird beispielsweise der Exponent $p = 5$ betrachtet, ist zu beobachten, dass $2p + 1 = 11$ ebenfalls eine Primzahl ist. Damit wird der erste Fall des Satzes von Fermat für diesen Exponenten durch die Arbeit von Germain bewiesen. Andererseits ergibt $p = 7$ die Zahl $2p + 1 = 15$, die keine Primzahl ist. Berücksichtigt man die Ergebnisse von Germain, gäbe es keinen Beweis für diese Exponenten. Aber weil $4p+ 1 = 29$ eine Primzahl ist, wird der erste Fall des Fermatschen Satzes von den Ergebnissen von Legendre bewiesen.

Der Beweis von Lamé

Am 1. März 1847 machte Gabriel Lamé eine spektakuläre Ankündigung vor der Académie des Sciences in Paris. Er hatte den lang erwarteten Beweis des Fermatschen Satzes für alle Exponenten gefunden! Der französische Forscher legte der mathematischen Gemeinschaft seine Arbeit vor, die ihn zu der Lösung geführt hatte. Seine Beweisführung war einfach und basierte auf den Ergebnissen der vor ihm tätigen Mathematiker. Die Idee dabei war, im Bereich der komplexen Zahlen zu arbeiten, wo die Quadratwurzel von minus eins, $\sqrt{-1}$, einen Sinn macht und durch den Buchstaben i dargestellt wird. In dieser Gruppe wird $x^2 + y^2$ zu dem Produkt zweier komplexer Zahlen $(x + yi)(x - yi)$, womit die Addition zu einer Multiplikation wird. Mit diesem Werkzeug ändert sich der Satz für das rechtwinklige Dreieck von:

$$x^2 + y^2 = z^2$$

zu:

$$(x + yi)(x - yi) = z^2.$$

Diese letzte Gleichung kann jetzt im Bereich der komplexen Zahlen wie folgt gelöst werden: $x + yi$, wobei x, y ganze Zahlen sind. x ist der sogenannte reale Teil, y ist der imaginäre Teil (die sogenannten Gaußschen Zahlen). Diese Zahlenmenge ist der der ganzen Zahlen ganz ähnlich: Addition, Subtraktion und Multiplikation sind völlig problemlos möglich. Wir können auch über Teilbarkeit und Primzahlen sprechen. Der grundlegende Satz der Arithmetik gilt auf dieselbe Weise, nämlich dass alle Zahlen auf eindeutige Weise in ein Produkt aus Primzahlen zerlegt werden können (im Falle der komplexen Zahlen gibt es einige Ausnahmen). Eine sehr interessante Konsequenz dieses Satzes ist, dass wenn das Produkt von zwei teilerfremden Zahlen eine Quadratzahl ergibt, dann muss wiederum jede dieser Zahlen eine Quadratzahl sein. Nach dieser Begründung würde die Suche eines pythagoreischen Tripels bedeuten, dass eine prime Lösung x, y, z für die Gleichung $x^2 + y^2 = z^2$ gefunden wird, mit anderen Worten, eine Lösung, bei der x, y und z keine gemeinsamen Faktoren haben. Eine Lösung dieses Typs bedeutet, dass die Gaußschen Zahlen $x + yi$, $x - yi$ auch keine Gaußschen Faktoren gemeinsam haben. Somit müssen zwei teilerfremde Gaußsche Zahlen gefunden werden, deren Produkt eine Quadratzahl ist.

Zusammenfassend kann man sagen, wenn es eine prime Lösung für die Gleichung $x^2 + y^2 = z^2$ gibt, dann erhalten wir ein Produkt aus zwei teilerfremden Gaußschen Zahlen, dessen Ergebnis eine Quadratzahl ist. Jeder der Faktoren ist also eine Quadratzahl. Damit haben wir:

$$x + yi = (a + bi)^2 = a^2 + 2abi + (bi)^2 = a^2 - b^2 + 2abi.$$

Wenn wir den realen Teil mit dem realen Teil und den imaginären Teil mit dem imaginären Teil gleichsetzen, erhalten wir:

$$x = a^2 - b^2;$$
$$y = 2ab.$$

Dies ist genau die Formel, die bereits in den Elementen von Euklid verwendet wird, um pythagoreische Tripel zu erzeugen. Die von Lamé vorgeschlagene Begründung folgte derselben Beweisführung. Die Fermatsche Gleichung $x^p + y^p = z^p$ wurde mithilfe der komplexen Zahlen in ein Produkt aus Faktoren umgewandelt. Jetzt müssen die Faktoren Einheitswurzeln vom Grad p enthalten. In der Menge der komplexen Zahlen hat 1 zwei Quadratwurzeln, +1 und -1, und ebenso hat 1 Wurzeln des Grads p, die als $1, \zeta, \zeta^2, \zeta^3 \ldots \zeta^{p-1}$ bezeichnet werden. Unter Verwendung dieser Wurzeln kann das Ganze wie folgt dargestellt werden:

$$x^p + y^p = (x + y)\,(x + \zeta y)\,(x + \zeta^2 y)\,(x + \zeta^3 y) \times \ldots \times (x + \zeta^{p-1} y) = z^p.$$

Der erste Schritt, nämlich die Umwandlung eines Additionsproblems in ein Multiplikationsproblem, hat also funktioniert.

Im nächsten Schritt werden Fermatsche Zahlen der folgenden Form betrachtet:

$$a_0 + a_1 \zeta + \zeta^2 a_2 + \zeta^3 a_3 + \ldots + \zeta^{p-2} a_{p-2}.$$

Diese Zahlen werden als zyklotomische Zahlen (Kreisteilungszahlen) bezeichnet. Sie können addiert werden, sie können subtrahiert werden, sie können multipliziert und dividiert werden, und wir können auch von primen zyklotomischen Zahlen sprechen. Lamé machte weiter, bis er, wie im Fall der Gaußschen Zahlen, die Theorie bewiesen hatte! Der berühmte Mathematiker Joseph Liouville, der sorgfältig zugehört hatte, bat um das Wort und stellte eine Frage. Wurde bewiesen, dass die Faktorisierung der Menge der zyklotomischen Zahlen eindeutig ist? Denn andernfalls würde der gesamte Beweis fehlschlagen! Lamé erkannte, dass er dies nicht bewiesen hatte, war sich aber sicher, dass das ganz schnell ginge und er die fehlenden Details nachreichen könne. Dieser Beweis ist nie angekommen.

Ideale Lösungen

Ein paar Monate später schrieb der Deutsche Ernst Eduard Kummer einen Brief an Liouville. Darin zeigte er einen Fehler in Lamés Beweisführung auf: Die Eigenschaft der eindeutigen Faktorisierung für die zyklotomischen Zahlen sei nicht allgemein bewiesen. Beispielsweise schlägt der Beweis für $p = 23$ fehl. Aber, wie er darlegte, „ist es möglich, eine Lösung zu erhalten, indem ein neuer Typ komplexer Zahlen eingeführt wird, die ich die idealen komplexen Zahlen nenne“. Die von Kummer eingeführten idealen komplexen Zahlen ermöglichten ihm, die eindeutige Faktorisierung zu erlangen und die Beweisführung fortzusetzen. Nachfolgend finden Sie zwei Beispiele, die die Idee von Kummer verdeutlichen. Betrachten Sie zunächst die folgende Menge gerader ganzer Zahlen:

$$2\,\mathbb{Z} = \{\ldots -4, -2, 0, 2, 4, 6, 8, 10 \ldots\}.$$

In dieser Menge stellen Addition, Subtraktion und Multiplikation keinerlei Probleme dar. In dieser Menge kann 10 nicht in ein Produkt aus zwei geraden Zahlen zerlegt werden und ist deshalb eine „Primzahl“. Und auch 2 und 50 wären „Primzahlen“. Andererseits kann 100 in zwei unterschiedlichen Formen als Produkt von „Primzahlen“ zerlegt werden:

$$100 = 10 \times 10 = 2 \times 50.$$

Ein Porträt des deutschen Mathematikers Ernst Eduard Kummer.

Aus diesem Grund ist in der Menge der geraden Zahlen die Eigenschaft der eindeutigen Faktorisierung nicht bewiesen. Um diese Eigenschaft zu retten, kann eine „ideale" Zahl eingeführt werden, die 5, die nicht zur Menge der geraden Zahlen gehört. Mithilfe dieser Zahl können jetzt die 10 und die 50 zerlegt werden und verlassen die „Primzahlen". Wir erhalten:

$$100 = 10 \times 10 = 5 \times 2 \times 5 \times 2\,;$$
$$100 = 2 \times 50 = 2 \times 2 \times 5 \times 5.$$

Und die beiden Faktorisierungen sind gleich! Im zweiten Beispiel von Richard Dedekind im Jahr 1870 wird die Menge der Zahlen wie folgt angenommen:

$$\mathbb{Z}\left[i\sqrt{5}\right] = \left\{a + ib\sqrt{5} : a,b \in \mathbb{Z}\right\}.$$

In dieser Menge sind die Zahlen 2, 3, $(1+i\sqrt{5})$, $(1-i\sqrt{5})$ Primzahlen. Die 6, die keine Primzahl ist, kann in zwei verschiedenen Formen als Produkt von Primzahlen zerlegt werden:

$$6 = 2 \times 3 = (1+i\sqrt{5})(1-i\sqrt{5}).$$

Aus diesem Grund gilt für diese Menge die Eigenschaft der eindeutigen Faktorisierung nicht. Aber die Einführung der idealen Zahlen, $\sqrt{2}$, $(1+i\sqrt{5})/\sqrt{2}$, $(1-i\sqrt{5})/\sqrt{2}$, rettet die eindeutige Faktorisierung:

$$6 = 2 \times 3 = \sqrt{2} \times \sqrt{2} \times \left[(1+i\sqrt{5})/\sqrt{2}\right] \times \left[(1-i\sqrt{5})/\sqrt{2}\right].$$
$$6 = (1+i\sqrt{5})(1-i\sqrt{5}) = \sqrt{2} \times \left[(1+i\sqrt{5})/\sqrt{2}\right] \times \sqrt{2} \times \left[(1-i\sqrt{5})/\sqrt{2}\right].$$

Auch hier sind beide Faktorisierungen gleich.

Kummer widmete sich der intensiven Studie dieser neuen Menge zyklotomischer ganzer Zahlen, die praktischerweise diese neuen idealen Zahlen erweitern. Er konnte zeigen, dass für einen speziellen Typ Primzahlen, die sogenannten regulären Primzahlen, die gesamte Beweisführung wieder gültig und der letzte Satz bewiesen ist. Anschließend beschäftigte er sich mit regulären Primzahlen und zeigte, dass es nur drei nicht reguläre Primzahlen gibt, die kleiner als 100 sind: 37, 59 und 67. Mit diesen Fällen beschäftigte er sich zuletzt, nachdem er den Satz für alle Exponenten kleiner 100 belegt hatte.

Die Académie de Sciences war durch diese neuen Fortschritte ermutigt und beschloss, das Thema zu fördern. 1850 schrieb sie wieder einen Preis aus, nämlich für denjenigen, der den letzten Satz definitiv ein für alle Mal beweisen konnte. Die Jury setzte sich zusammen aus Augustin-Louis Cauchy, Joseph Liouville, Gabriel Lamé, Joseph-Louis François Bertrand und Michel Chasles. Nachdem alle Termine und anschließenden Verlängerungen verstrichen waren, schrieb Cauchy: „Der Jury wurden 11 Dokumente vorgelegt. Keines davon konnte das vorgeschlagene Problem lösen. Die Jury hat jedoch erkannt, dass die Arbeit, die unter der Nummer 2 eingereicht wurde, eine neue Lösung für das Problem in dem speziellen Fall enthielt, den Fermat selbst gelöst hat, mit anderen Worten, wenn der Exponent gleich 4 ist.

Nachdem der Preis mehrfach erhöht worden war, steckte man hinsichtlich des Verständnisses des Themas an der Stelle fest, an der Kummer aufgehört hatte. Die mathematischen Wissenschaften können jedoch stolz auf die Arbeit von Geometrikern sein, die das Problem lösen wollen, insbesondere Kummer, und die Jury ist der Meinung, dass die Académie die ehrbare und sinnvolle Entscheidung treffen soll, den Wettbewerb außer Acht zu lassen und die Medaille Herrn Kummer zu überreichen, für seine wunderbare Forschung über komplexe Zahlen."

Deshalb wurde Kummer 1857 der Preis zuerkannt, obwohl er gar nicht an dem Wettbewerb teilgenommen hatte! Diese Geste war eine hohe Anerkennung seiner Arbeit. Seine Beiträge hatten eine so große Bedeutung, dass sie die Türen zu neuen und großartigen Forschungsbereichen geöffnet hatten: Reguläre Primzahlen, die Theorie der idealen Zahlen, Kreisteilungskörper und viele andere neue Ideen und Konzepte wurden jetzt genauer untersucht.

Der letzte Satz hat für spektakuläre Fortschritte in der Mathematik gesorgt, ist aber weiterhin undurchschaubar. Nach mehr als 200 Jahren gab es folgenden Fortschritt: Der erste Fall wurde für eine große Anzahl an Exponenten bewiesen, die alle den von Germain und Legendre festgelegten Bedingungen entsprachen. Der allgemeine Fall für die vier Exponenten $n = 3, 4, 5, 7$ wurde ebenfalls bewiesen. Dennoch blieb noch viel zu tun. Der letzte Satz begann, trotz all seiner Faszination, vielen Mathematikern ein Dorn im Auge zu sein.

LÖSUNGEN FÜR DIE ERSTEN 100 PRIM-EXPONENTEN *P*

p	Erster Fall	Allgemeiner Fall
3	Fermat (ca. 1638) ? Euler (ca. 1760)	
4	Fermat (ca. 1638)	
5	Germain (1823)	Dirichlet und Legendre (ca. 1825)
7	Legendre (1823)	Lamé (1839)
11	Germain (1823)	Kummer (ca.1850), *p* regulär
13	Legendre (1823)	Kummer (ca.1850), *p* regulär
17	Legendre (1823)	Kummer (ca.1850), *p* regulär
19	Legendre (1823)	Kummer (ca.1850), *p* regulär
23	Germain (1823)	Kummer (ca.1850), *p* regulär
29	Germain (1823)	Kummer (ca.1850), *p* regulär
31	Legendre (1823)	Kummer (ca.1850), *p* regulär
37	Legendre (1823)	Kummer (ca.1857), *p* irregulär
41	Germain (1823)	Kummer (ca.1850), *p* regulär
43	Legendre (1823)	Kummer (ca.1850), *p* regulär
47	Legendre (1823)	Kummer (ca.1850), *p* regulär
53	Germain (1823)	Kummer (ca.1850), *p* regulär
59	Legendre (1823)	Kummer (ca.1857), *p* irregulär
61	Legendre (1823)	Kummer (ca.1850), *p* regulär
67	Legendre (1823)	Kummer (ca.1857), *p* irregulär
71	Legendre (1823)	Kummer (ca.1850), *p* regulär
73	Legendre (1823)	Kummer (ca.1850), *p* regulär
79	Legendre (1823)	Kummer (ca.1850), *p* regulär
83	Germain (1823)	Kummer (ca.1850), *p* regulär
89	Germain (1823)	Kummer (ca.1850), *p* regulär
97	Legendre (1823)	Kummer (ca.1850), *p* regulär

Eine Frage des Geschlechts

1908 schrieb der deutsche Geschäftsmann und Mathematiker Paul Wolfskehl einen Preis von 100.000 Deutschen Mark (was heute ca. 1,3 Mio. EUR entspräche) für denjenigen aus, der den Satz von Fermat beweisen könne. Der letzte, nicht verlängerbare Termin für die Lösung des Problems war der 13. September 2007. Wahrscheinlich dachte Wolfskehl, 99 Jahre seien ausreichend viel Zeit, um eine Lösung für das Problem zu finden.

Viele Mathematiker versuchten unter höchsten Anstrengungen, die Liste der Exponenten zu erweitern, für die der letzte Satz bewiesen werden konnte, und zwar sowohl für den ersten als auch für den allgemeinen Fall. Gelegentlich wurden diese Fortschritte erreicht, indem einfach die zuvor erhaltenen Kriterien aufpoliert oder die Berechnungsmethoden optimiert wurden. Und manchmal führten sie zur Entdeckung völlig neuer Forschungsgebiete. 1909 zeigte Wieferich, dass wenn es eine Lösung für den ersten Fall des Fermatschen Satzes gab, $2^{p-1} - 1$ ein Vielfaches von p^2 sein musste. Diese Bedingung stellte sich als sehr leistungsstark heraus. Damals wurde jedoch noch keine Primzahl gefunden, die sie erfüllt hätte. Erst 1913 fand Meissner den Fall $p = 1903$, und 1922 Berger den Fall $p = 3511$. 1910 erweiterte Mirianoff die Ergebnisse von Wieferich und zeigte, dass wenn es eine Lösung für den ersten Fall der Fermatschen Theorie gab, $3^{p-1} - 1$ auch ein Vielfaches von p^2 sein musste. Das bedeutete, die Fälle $p = 1903$ und $p = 3511$ waren abgedeckt. 1971 untersuchten Brillhart, Tonascia und Weinberger mit Hilfe von Computern alle Primzahlen bis 3×10^9, ohne eine weitere zu finden, die die Bedingung von Wieferich erfüllt hätte, und bewiesen damit den ersten Fall des Fermatschen Satzes bis zu diesen Exponenten. In den nachfolgenden Jahren nahm die Menge der betrachteten Primzahlen zu, und 1990 waren alle Exponenten des Fermatschen Satzes bis zu $2{,}372 \times 10^{19}$ bewiesen.

Im Hinblick auf den allgemeinen Fall beschäftigte sich Vandiver detailliert mit der Arbeit von Kummer. 1929 stellte er eine ganze Folge an Kriterien bereit, die von

FÜR FERMAT, DER MIR DAS LEBEN GERETTET HAT

Es gibt mehrere Theorien, warum Wolfskehl seinen Fermat-Preis ausgesetzt hat. In jungen Jahren litt er an Multipler Sklerose und musste seine Arztpraxis schließen, um einer entspannteren Tätigkeit nachzugehen: der Mathematik. Einige Quellen behaupten, dass er aufgrund von Liebeskummer kurz vor dem Selbstmord stand, aber seine theoretischen Studien ihn davon überzeugten, dass die Mathematik schöner sei als jede Frau es je sein könnte. Damit hat ihm Fermat im weitesten Sinne tatsächlich das Leben gerettet. Andere nennen prosaischere Gründe: Wolfskehl habe das Preisgeld ausgesetzt, um seiner untreuen Frau weniger zu vererben.

Der deutsche Mathematiker Paul Wolfskehl.

irregulären Primzahlen erfüllt sein müssen, um den letzten Satz von Fermat zu bestätigen. 1954 überprüfte derselbe Vandiver, jetzt mit Hilfe von Computern, die Exponenten mit $p < 2521$. Zwanzig Jahre später war die Liste auf $p < 4000000$ angewachsen. Während dieses rasenden Fortschritts, was die Verfeinerung der Kriterien und die Perfektion der Berechnungen betraf, erlebte die mathematische Gemeinschaft eine erfreuliche Überraschung.

1922 hatte der Brite Louis Mordell (1888-1972) vermutet, dass es in allen algebraischen Kurven vom Geschlecht größer 1 nur eine endliche Anzahl rationaler Punkte gäbe. Das Geschlecht einer algebraischen Kurve sollte zum Maß ihrer Komplexität werden. Kurven des Geschlechts 0 sind die einfachsten. Mit zunehmendem Geschlecht nimmt auch die Komplexität der einzelnen Punkte zu. 1983 erhielt der Deutsche Gerd Faltings (geb. 1954) eine Fields-Medaille für den Beweis dieser Vermutung, der ein völlig neues Werkzeug für die Lösung der Fermatschen Gleichung mit sich brachte. Für den Exponenten $n = 2$ ergab sich die Kurve $x^2 + y^2 = z^2$ vom Geschlecht 0, und sie hat unendlich viele pythagoreische Tripel als Lösungen. Für $n > 2$ hat die Kurve $x^n + y^n = z^n$ jedoch ein Geschlecht größer 1! Aus diesem Ergebnis folgte, dass wenn es Lösungen für den letzten Satz gibt, ihre Anzahl endlos wäre. Die mathematische Gemeinschaft war davon überzeugt, dass der endgültige Beweis in fühlbarer Nähe sei und durch die von Mordell und Faltings geöffnete Tür eintreten würde. Sie haben sich geirrt.

Eine Brücke zwischen zwei Welten

Ende der 1980er-Jahre kannten die Fachleute zahlreiche Vermutungen, deren Beweis durch Implikation auch den letzten Satz beweisen würde, zumindest für den Fall großer Exponenten: die *abc*-Vermutung, die Szpiro-, Vojta- und Bogomolov-Miyaoka-Yau-Vermutungen usw. Zur allgemeinen Überraschung trat diesem exklusiven Club auch ein völlig neues Mitglied bei: die Taniyama-Shimura-Vermutung.

Die Taniyama-Shimura-Vermutung wurde in den 1950er-Jahren vorgeschlagen und in den 1970er-Jahren verfeinert. Sie geht von einer außergewöhnlichen und unerwarteten Verknüpfung der beiden Familien mathematischer Objekte aus, die auf den ersten Blick scheinbar nichts miteinander zu tun haben: Elliptische Kurven, die eng mit den kubischen Gleichungen des Typs zusammenhängen, die Diophant in seiner Zeit untersucht hatte, und Modulformen, die Ende des 19. Jahrhunderts vom Franzosen Jules Henri Poincaré entwickelt worden waren. Die Formulierung ist auf die Beiträge der japanischen Mathematiker Goro Shimura (geb. 1930) und Yutaka Taniyama (1927-1958) zurückzuführen. Die beiden jungen Männer waren sehr bekannt und arbeiteten in Tokio

DIE *ABC*-VERMUTUNG

Diese Vermutung wurde 1985 von Joseph Oesterlé und David Masser vorgelegt. In vereinfachter Form besagt sie Folgendes: Für die teilerfremden ganzen Zahlen a, b und c, für die gilt $a + b = c$, und d als Produkt der verschiedenen Primfaktoren von a, b und c gilt, dass d selten kleiner als c ist.

im desolaten Nachkriegsjapan zusammen, und ihnen ist die wunderbare Geschichte einer intellektuellen Freundschaft eigen, über deren wissenschaftlichen Erfolg sich letztlich ein tragischer Schatten legt.

Die erste Welt: elliptische Kurven

Eine Möglichkeit, die Länge einer Kurve anzunähern, ist es, gerade Linien zwischen einer endlichen Anzahl an Punkten auf der Kurve zu zeichnen, wie in der nachfolgenden Abbildung gezeigt:

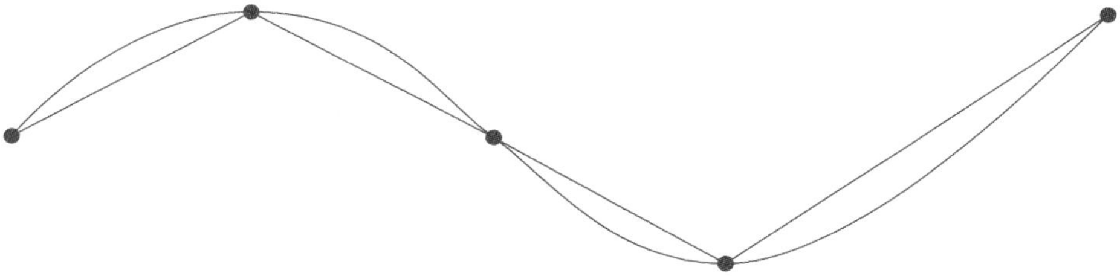

Wenn die Länge der Segmente abnimmt, entspricht die Summe ihrer Längen immer genauer der Länge der Kurve. Man spricht auch von einer polygonalen Annäherung. Bei einigen Kurven gibt es einen Wert L, der den maximalen Grenzwert für die mögliche polygonale Annäherung darstellt. Man sagt, die Kurve hat eine Bogenlänge L. Aus der Studie der Bogenlängen von Ellipsen entstanden die sogenannten elliptischen Funktionen, und aus ihnen die elliptischen Kurven.

Der Deutsche Karl Theodor Wilhelm Weierstraß (1815–1897) zeigte, dass alle elliptischen Kurven durch eine kubische Kurve des folgenden Typs definiert sind:

$$y^2 = x^3 + ax^2 + bx + c,$$

wobei a, b und c reelle Zahlen sind. Für $c = 0$ und unterschiedliche Werte von a und b bieten die elliptischen Kurven das suggestive Erscheinungsbild, wie auf der nächsten Seite gezeigt:

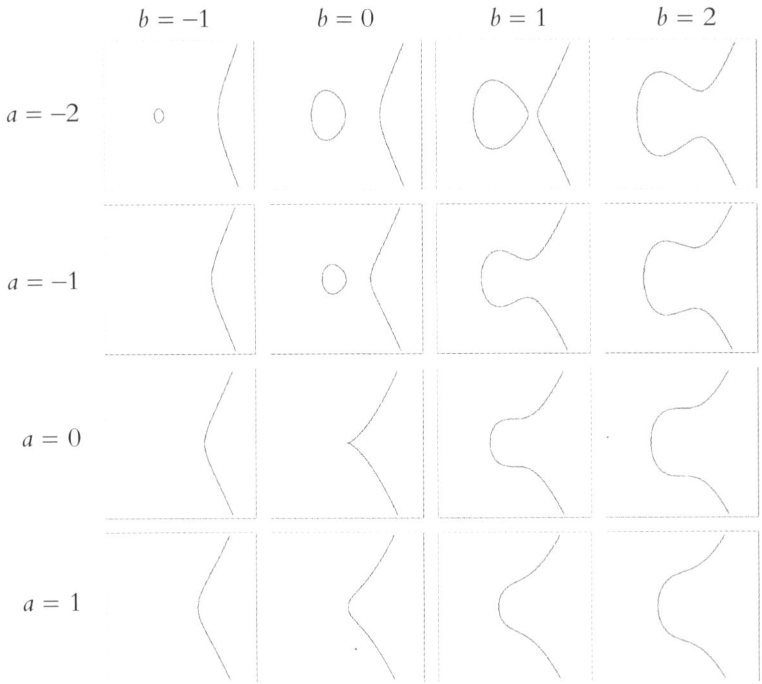

Elliptische Kurven für c *= 0 und unterschiedliche Werte von* a *und* b.

Eine bedeutende Herausforderung in der Zahlentheorie, der bereits unser alter Freund Diophant gegenüberstand, ist die Bestimmung ganzzahliger Lösungen für eine Gleichung dieses Typs. Die folgende kubische Gleichung:

$$y^2 = x^3 - 2$$

kann auch dargestellt werden als:

$$x^3 - y^2 = 2.$$

Eine Lösung mit positiven ganzen Zahlen für diese Gleichung entspricht der Suche nach natürlichen Zahlen, die genau „in der Mitte“ des Kubikwerts und des Quadratwerts von zwei anderen natürlichen Zahlen liegen. Der erste Mathematiker in der Geschichte, der eine Antwort darauf hatte, war … Pierre de Fermat, der zeigte, dass 26 die einzige Zahl ist, die diese Bedingung erfüllt. Das bedeutet $x^3 = 27$ und $y^2 = 25$, deshalb ist die einzige Lösung mit positiven ganzen Zahlen für die obige kubische Gleichung $x = 3$ und $y = 5$. Um dieses wunderbare Netzwerk aus Verbindungen zwischen den

Hauptprotagonisten unserer Geschichte zusammenzufassen, müssen wir daran denken, dass eines der modernen Werkzeuge der Mathematik, das für die Studie der elliptischen Kurven verwendet wird, die Iwasawa-Theorie ist, Thema der Doktorarbeit von Andrew Wiles. Wiles sagte völlig zu Recht, dass „in gewisser Weise die gesamte Mathematik, die er je erzeugt hat, einer Spur folgte, die Fermat hinterlassen hat".

Der deutsche Mathematiker Karl Theodor Wilhelm Weierstraß, der wichtige Beiträge im Bereich der elliptischen Kurven leistete, auf einem Gemälde von Conrad Fehr.

Die Bestimmung von Lösungen für eine elliptische Gleichung ist in den meisten Fällen so gut wie unmöglich, deshalb untersuchen die Mathematiker sie gern im Rahmen der „begrenzten" Zahlenräume, auch als „Modulos" bezeichnet. Um dieses Konzept zu verstehen, können wir uns vorstellen, wie die Stunden des Tages wahrgenommen werden. Wenn wir beispielsweise über ein Ereignis sprechen, das 30 Stunden nach Mitternacht eines bestimmten Tages stattgefunden hat, ist klar, dass das Ereignis um 6 Uhr morgens (in diesem Fall des zweiten Tages) stattgefunden hat. Im Geiste haben wir 24 ganze Zahlen (einen Tag) gezählt, haben uns von Mitternacht am ersten Tag zu Mitternacht am zweiten Tag bewegt, und dann die Differenz 30 – 24 = 6 addiert, um die spezifische Zeit des Ereignisses zu bestimmen. In mathematischer Sprache sagen wir, die Zeit des Tages gehorcht einer Modulo-24-Arithmetik (aufgrund der Anzahl der Stunden an einem Tag), woraus sich, wie wir gesehen

ELLIPTISCHE KURVEN UND VERSCHLÜSSELUNG

Es gibt verschiedene mathematische Operationen, die schwierig umzukehren sind, beispielsweise die Bestimmung der Primzahlen einer großen ganzzahligen Zahl. Der RSA-Algorithmus ist eine der Säulen der modernen Verschlüsselung und basiert auf der oben genannten Operation, um Codes zu erzeugen, die theoretisch nicht zu knacken sind. Eine weitere Operation, die als „irreversibel" gilt, ist die Bestimmung des diskreten Logarithmus für eine elliptische Kurve. Aus diesem Grund begann die US-amerikanische Regierung im Jahr 2009, für die Übertragung extrem geheimer Informationen bestimmte Verschlüsselungsalgorithmen zu verwenden, die auf dieser Eigenschaft basieren.

haben, $30 \equiv 6$ ergibt. Hätten wir statt über 30 Stunden über 38 Stunden gesprochen, hätte das Ereignis um 14 Uhr stattgefunden, damit ergibt sich in der Modulo-24-Arithmeik $38 \equiv 14$ (und analog dazu $24 \equiv 0$). Unabhängig von der Anzahl der Stunden, die seit einem Ereignis vergangen sind, seien es 36 oder 36000, kann die Tageszeit, zu der es stattgefunden hat, nur einen Wert zwischen 0 und 23 annehmen. Diese Art der Arithmetik gestattet die üblichen Operationen der Addition, Subtraktion, Multiplikation und Division, und das Ergebnis jeder solcher Operationen in einer Modulo-24-Arithmetik ist wieder eine der 24 Zahlen zwischen 0 und 23. Jetzt betrachten wir wieder die elliptischen Gleichungen. Welche Lösungen könnten diese Gleichungen beispielsweise für Modulo 2 haben? Es ergeben sich maximal diese vier Lösungen:

$$x = 0, y = 0\ ;$$
$$x = 0, y = 1\ ;$$
$$x = 1, y = 0\ ;$$
$$x = 1, y = 1.$$

Durch die Verwendung dieses leistungsstarken Werkzeugs der Modulo-Arithmetik können die Mathematiker eine elliptische Gleichung charakterisieren, und zwar nicht anhand ihrer „absoluten" Lösungen, die schwer zu finden sind, sondern unter Verwendung der Anzahl ihrer Lösungen für jedes Modul. Jede elliptische Gleichung ist also durch eine Folge E von unendlich vielen Elementen E_1, E_2, E_3 usw. definiert, wobei der Wert jedes Elements die Anzahl der Lösungen in der Gleichung in Modulo 1, 2, 3 usw. ist. Eine Gleichung mit zwei Lösungen in Modulo 2, beispielsweise (0, 0) und (1, 0), hätte den Wert $E_2 = 2$ in ihrer Folge.

Jules Henri Poincaré auf einer französischen Briefmarke.

Die zweite Welt: Modulformen

Modulformen sind zum großen Teil ein Werk von Jules Henri Poincaré, einem der bemerkenswertesten wissenschaftlichen Denker in der Geschichte. Ein Teil seiner Arbeit in der mathematischen Physik kann als direkte Vorarbeit der Relativitätstheorie von Einstein betrachtet werden. Er war außerdem ein bedeutender Publizist und Wissenschaftsphilosoph. Poincaré war der letzte Mathematiker, der umfangreiches Wissen in allen Disziplinen seiner Zeit hatte, eine Leistung, die heute angesichts der Vielzahl der von der Mathematik abgedeckten Bereiche unmöglich geworden ist. Poincaré, der bereits in seiner Jugend als Mathematiker anerkannt war, hatte, wie Euler und Gauß, ein fotografisches Gedächtnis, insbesondere im räumlichen Bereich. Dies erklärt vielleicht seine Position als Begründer der Topologie, der Bereich der Mathematik, der sich mit den räumlichen Eigenschaften von Objekten beschäftigt, die während bestimmter Deformationen unverändert bleiben. In der Topologie regiert die Symmetrie, und nur wenige mathematische Objekte sind so weitgehend symmetrisch wie Modulformen.

DER „LETZTE SATZ" VON POINCARÉ

Es gibt einige Vermutungen in der Mathematik, deren Auflösung als geniales historisches Ereignis betrachtet würde – auch wenn keine davon so legendär ist wie der letzte Satz von Fermat. Man ist sich einig, dass dazu auch die Vermutung von Goldbach gehört, und, *primus inter pares*, die Riemannsche Hypothese, beide im Bereich der Zahlentheorie. Andere sind das P/NP-Problem, eine Schlüsselfrage für die Programmierung, und in der Topologie die sogenannte „Poincaré-Hypothese". Zur allgemeinen Überraschung veröffentlichte der Russe Grigori Perelman zwischen 2002 und 2003 einen diagrammatischen Beweis dieser Vermutung, der 2006 dank der ergänzenden Arbeiten anderer Spezialisten inoffiziell als gültig erklärt wurde. Perelman, ein ebenso brillanter wie exzentrischer Mathematiker, lehnte eine Fields-Medaille ab, die ihm in diesem Jahr für seine erstaunliche Leistung verliehen werden sollte, und wendete sich kurz darauf völlig von der Mathematik ab, weil er der Meinung war, dass die akademische Welt von Unehrlichkeit geprägt sei. Wie bei den anderen Problemen, die das Clay Institute 1999 in die Liste der sieben „Millennium-Probleme" aufnahm, wurde auf den Beweis der Poincaré-Hypothese eine Belohnung von einer Million Dollar ausgesetzt. Zum Zeitpunkt der Veröffentlichung dieses Wettbewerbs war der Beweis von Perelman noch nicht in einer autorisierten Zeitschrift veröffentlicht und seine Gültigkeit war noch nicht von einem Expertenausschuss bestätigt worden, der speziell für diesen Zweck eingerichtet worden war. Gemäß dem Regelwerk für den Preis hatte Perelman deshalb kein Anrecht auf ihn. Es muss jedoch darauf hingewiesen werden, dass Perelman ihn auch nie beansprucht hat.

Die Fields-Medaille, die Perelman für seine Arbeiten zur „Poincaré-Hypothese" abgelehnt hat.

Es ist so gut wie unmöglich, sich eine Modulform als visuelle Darstellung vorzustellen, denn sie bewegt sich im vierdimensionalen Raum. In unserem täglichen Leben können wir wie Euklid davon ausgehen, dass es zu jeder Geraden nur genau eine Parallele gibt, die einen Punkt außerhalb dieser Geraden durchläuft. Seit dem 19. Jahrhundert jedoch weiß man, dass dies nicht unbedingt wahr sein muss, sondern nur eine einfache Konvention ist. Es können andere, alternative Geometrien definiert werden, in denen es überhaupt keine Parallelen oder unendlich viele davon gibt. Der letztgenannte Fall wird als „hyperbolische Geometrie" bezeichnet, deren Ebene bei der Darstellung in zwei Dimensionen suggestive Formen annimmt, etwa wie folgt:

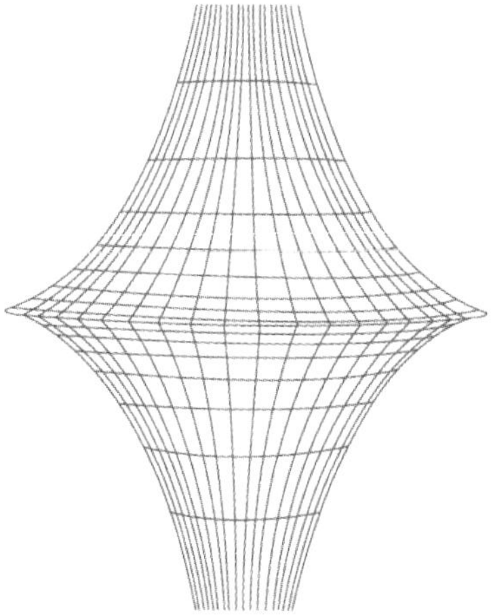

Parallele Linien aus der Perspektive der hyperbolischen Geometrie.

In dieser speziellen hyperbolischen Welt sind die Modulformen zu Hause. Hier finden wir außergewöhnliche Symmetrien, vergleichbar mit extrem seltenen Orchideen. Um eine dieser „mathematischen Orchideen" zu definieren, verwenden die Mathematiker sogenannte M-Reihen, die aus unendlichen Folgen von Elementen bestehen, M_1, M_2, M_3 usw., die jeweils einem numerischen Wert entsprechen, der die Menge der enthaltenen „Bestandteile" angibt, 1, 2, 3 usw.

Die Brücke: die Taniyama-Shimura-Vermutung

Mitte der 1950er-Jahre kämpfte Japan noch mit den Traumata, die der Zweite Weltkrieg hinterlassen hatte. Die Wirtschaft wuchs bereits wieder leicht, aber die Lebensbedingungen waren weiterhin hart. Die Universitäten konnten sich schlecht vom Ausstattungsmangel erholen. Die bezahlten Forschungsstellen waren knapp, deshalb herrschte ein enormer Wettbewerb unter den Studenten. Wenn das Interessensgebiet eines Forschers wenig mit produktiver Aktivität zu tun hatte, war die Situation noch schwieriger, und selbst die begeistertsten Kandidaten wandten sich von dem Studienfach der reinen Mathematik ab.

Bei Yutaka Taniyama, achtem Sohn eines Landarztes, war dies nicht der Fall. Trotz hoffnungsloser Bedingungen und unzähliger Gesundheitsprobleme in seiner Kindheit besaß er den Willen, mit sehr wenig Geld in die Hauptstadt zu ziehen, um sich an der Universität einzuschreiben und sich auf sein Studium der Mathematik zu konzentrieren. 1954 freundete er sich mit einem brillanten Kollegen an, Goro Shimura, der ein Jahr älter war als er und mit dem er sich häufig in billigen Cafés oder Restaurants traf, um die fortschrittlichen Konzepte der Zahlentheorie zu diskutieren, das Thema, das beide am meisten interessierte. Es hätte keinen größeren Kontrast zwischen diesen beiden Persönlichkeiten geben können: Taniyama war zerstreut bis chaotisch. Er arbeitete hart, häufig auch nachts, und interessierte sich kaum für Dinge, die nichts mit der Mathematik zu tun hatten, sodass man ihn fast schon als exzentrisch bezeichnen konnte. Shimura dagegen stand im Morgengrauen auf, um zu arbeiten, war organisiert und ordentlich. Während sein Kollege täglich denselben Anzug aus einem seltsamen metallischen Material trug, tagein, tagaus, und nie seine Schnürsenkel band, war Shimura sehr bemüht um ein gutes Erscheinungsbild und hatte ein gutes Verhältnis zu anderen Kollegen.

Gemeinsam war ihnen nur der Wunsch, sich in die neuesten Entwicklungen aus der internationalen mathematischen Szene zu vertiefen, deshalb beschlossen sie 1955, ein Symposium über die Zahlentheorie zu veranstalten, zu dem sie berühmte Mathematiker aus der ganzen Welt einluden. Von den 36 Problemen, die sie den Besuchern des Symposiums vorstellten, stammten vier von Taniyama. Es ging darin auf durchgängig unbestimmte Weise um verschiedene Beziehungen zwischen Modulformen, ein Thema, das zu diesem Zeitpunkt von den Fachleuten ein wenig vernachlässigt worden war, ebenso wie um diophantische Gleichungen. Taniyama hatte erkannt, dass einige der Elemente der *E*-Reihe einiger elliptischer Gleichungen genau den Elementen der *M*-Reihen bestimmter Modulformen entsprachen, obwohl er in dieser frühen Forschungsphase noch keine Gründe für diesen interessanten Zufall nennen konnte.

Dieses und andere Probleme wurden während des Symposiums diskutiert. Einigen Quellen nach gehörte zu den Besuchern auch der berühmte französische Mathematiker André Weil, der in einem informellen Gespräch mit Taniyama darauf hinwies, seine intuitive Idee könnte auf eine tiefere und allgemeinere Beziehung zwischen Modulformen und elliptischen Gleichungen hinweisen. Diese Version der Ereignisse führte dazu, dass die Taniyama-Shimura-Vermutung eine Zeit lang als Shimura-Weil-Vermutung oder

Taniyama-Shimura-Weil-Vermutung bezeichnet wurde, eine fälschliche Zuordnung, die erst durch das Eingreifen des Amerikaners Serge Lang einige Jahre später richtiggestellt werden konnte.

Die ursprüngliche Intuition Taniyamas, die er nur sehr unspezifisch darstellte, erweckte jedoch kaum Interesse. Der einzige, der von Anfang an daran glaubte, dass die Intuition richtig sei, war sein treuer Freund Shimura, und für die beiden nächsten Jahre arbeiteten beide Seite an Seite, um sie auf soliderer Basis zu festigen. 1957 wurde Shimura nach Princeton eingeladen, wo er dachte, er könne seine Ideen mit bekannten Fachleuten austauschen und die Sache weiterentwickeln, aber ein tragisches Ereignis gefährdete dieses ambitionierte Projekt. Am 17. November desselben Jahres beschloss Taniyama, sich das Leben zu nehmen. In seinem Abschiedsbrief stand: „Bis gestern hatte ich nicht die Absicht, mich umzubringen. [...] Was den Grund für meinen Selbstmord betrifft, kann ich mich selbst auch nicht genau verstehen, aber es geht nicht um einen bestimmen Vorfall oder eine bestimmte Angelegenheit. Ich kann nur sagen, dass ich mich in einem Zustand befinde, in dem ich keine Zukunft mehr für mich erkennen kann. [...] In jedem Fall kann ich nicht leugnen, dass es sich um eine Art Treuebruch handelt, bitte verzeih mir diesen als meine letzte Handlung auf meinem eigenen Weg, so wie ich mein ganzes Leben lang meinen eigenen Weg gegangen bin." Taniyama war 35.

Das tragische Ende seines Freundes bestärkte Shimura in seinem Willen, ihre gemeinsame Arbeit fortzusetzen und damit einen großen Mathematiker zu ehren. Nach mehreren Jahren Arbeit konnte Shimura eine Vermutung formulieren, die auf sehr einfache Weise ausdrückte, dass alle elliptischen Kurven modular sind, eine Vermutung, die dann als Taniyama-Shimura-Vermutung bekannt werden sollte. Der amerikanische Mathematiker Barry Mazur (um den es später noch geht) sagte dazu: „Eine wunderbare Vermutung, die zunächst ignoriert wurde, weil sie ihrer Zeit weit voraus war. Als sie zum ersten Mal vorgeschlagen wurde, wurde sie ignoriert, weil sie so erstaunlich war. Auf der einen Seite haben wir die elliptische Welt, auf der anderen die modulare Welt. Beide Zweige der Mathematik wurden intensiv, aber separat voneinander studiert. Dann kam die Taniyama-Shimura-Vermutung, mit der großartigen Auffassung, dass es eine Brücke zwischen diesen beiden völlig unterschiedlichen Welten gibt. Mathematiker lieben es, Brücken zu bauen ..."

Taniyama hat es nicht erlebt, wie seine großartige Intuition zu einem der schönsten Ergebnisse in der modernen Mathematik geworden ist, aber sein Name und der Name seines Kollegen und Freundes Shimura haben heute einen Ehrenplatz in der Geschichte dieser Disziplin. Und noch überraschender und befriedigender wäre es für ihn gewesen, zu erleben, dass ihre Arbeit zu einem grundlegenden Kapitel für den Beweis des am meisten gefeierten Satzes der Zahlentheorie und der Mathematik ganz allgemein geworden ist.

Die Epsilon-Vermutung

In den Augen der mathematischen Gemeinschaft hatten Taniyama-Shimura und der letzte Satz von Fermat nichts miteinander gemein als die simple Eigenschaft, eine Vermutung zu sein. Die Entdeckung unerwarteter Beziehungen zwischen scheinbar nicht zusammenhängenden Konzepten ist, wie wir gesehen haben, eines der wesentlichen Ziele der Mathematiker. In diesem spezifischen Fall wurde die unerwartete Beziehung von einem deutschen Mathematiker erkannt, Gerhard Frey. Frey, Spezialist im Bereich der Zahlentheorie, war fasziniert von den Beziehungen zwischen diesem Feld und der algebraischen Geometrie, für die die Taniyama-Shimura-Vermutung ein wunderbares Beispiel darstellt. 1978 las er die Arbeit des Amerikaners Barry Mazur, von der er sehr beeindruckt war. Dort wurden Konzepte wie die Modularität mit elliptischen Kurven in Verbindung gebracht, für deren Vertiefung er alle Mühen auf sich nahm. (Der inspirierende Artikel Mazurs in diesem Bereich war *Modular Curves and the Eisenstein Ideal*, und zu den begeisterten Lesern gehörten unter anderem Ken Ribet und Andrew Wiles.) Frey begann, eine überraschende Idee zu entwickeln, die er bei einem mehrwöchigen Aufenthalt in Harvard genau zu beschreiben versuchte. Mazur war Professor an dieser Universität. 1984 schließlich trug Frey bei einer Konferenz in der deutschen Stadt Oberwolfach eine Hypothese vor, die einen neuen und revolutionären Pfad für die Annäherung an den letzten Satz eröffnen sollte.

Der deutsche Mathematiker ging wie folgt vor: Für jede Lösung des Satzes, z. B. $a^p + b^p = c^p$, gibt es eine zugehörige elliptische Kurve der Form $y^2 = x(x - a^p)(x + b^p)$, wobei a, b und c teilerfremde ganze Zahlen größer 0 sind, und p eine Primzahl größer 2. Diese Kurve gehört zu einer speziellen Gruppe elliptischer Kurven (nachfolgend als „Frey-Kurven“ bezeichnet), die eine interessante Eigenschaft haben – sie sind nicht modular. Die Taniyama-Shimura-Vermutung besagte, dass alle elliptischen Kurven modular sind, woraus folgt, dass wenn Taniyama-Shimura richtig liegen, eine „Anomalie“ wie die Frey-Kurve oder eine Kurve, die sowohl elliptisch als auch nicht modular ist, unmöglich ist. Wenn also die Vermutung von Frey zutrifft, vorausgesetzt, alle möglichen Lösungen des letzten Satzes sind wiederum eine Frey-Kurve, dann ist die Bestätigung von Taniyama-Shimura, dass es solche Kurven nicht gibt, dasselbe wie zu sagen, dass es für den letzten Satz keine Lösungen gibt und dass er deshalb … richtig ist! Diese unerwartete Verknüpfung zwischen einer Vermutung und einer anderen war, wie wir

Der französische Mathematiker Jean-Pierre Serre bei der Verleihung des Abel-Preises am 3. Juni 2003 (Foto mit freundlicher Genehmigung des Abel-Instituts).

sehen werden, die helfende Hand, die es Wiles ermöglichte, die Herausforderungen der Gipfelbesteigung zu meistern.

Obwohl die Ideen von Frey äußerst interessant waren, war seine Vermutung in Wahrheit nicht ausreichend konkret für die anderen Mathematiker, um sie überprüfen zu können. Man brauchte einen kleinen „mathematischen Muskel", um den Intuitionen des Deutschen die endgültige Form einer Vermutung zu geben. Und im Kontext eines mathematischen Muskels ist in den letzten 75 Jahren vor allem der Franzose Jean-Pierre Serre (geb. 1926) kaum zu übersehen, einer der wenigen Mathematiker (der andere ist John Griggs Thompson), der die beiden prestigeträchtigsten Ehrungen in der Disziplin erhalten hat: Die Fields-Medaille (1954), die er in einem Rekordalter von nur 27 Jahren erhielt, und den Abel-Preis (2003). Dies entspricht in etwa einer Leistung wie dem Gewinn von zwei Nobelpreisen. Serre, der in seiner Jugend versehentlich das Symposium besucht hatte, das Taniyama und Shimura 1955 organsiert hatten, interessierte sich für die Formel von Frey und schrieb dazu eine persönliche Notiz an seinen Kollegen und Landsmann Jean-François Mestre, die er später in einen Artikel umformulierte. In diesem Dokument formalisierte der französische Mathematiker die

DIE HAND AN DER WIEGE

Der Amerikaner Barry Mazur, geboren 1937, ist eine der herausragendsten Persönlichkeiten im Bereich der Zahlentheorie der letzten Jahrzehnte. Sein Artikel *Modular Curves and the Eisenstein Ideal* ist einer der Hauptgründe, warum das neue Interesse an der Modularität in Arbeiten junger Mathematiker auftaucht, wie beispielsweise bei Frey, Ribet und Wiles, und damit auch in der eigentlichen Lösung von Fermats Problem. Mazur hat die Zahlentheorie als einen Bereich der Mathematik charakterisiert, der „mühelos unzählige Probleme schafft, die eine süße, unschuldige Atmosphäre umgibt, verlockende Blüten – voll mit hungrigen Käfern, die nur darauf warten, den angelockten Blumenliebhaber zu beißen, der nach dem Biss in exzessive Arbeit verfallen wird".

GERHARD FREY, MATHEMATIKER UND KRYPTOANALYST

Frey wurde 1944 in der Nähe von Tübingen geboren. Er studierte Physik und Mathematik an der Universität Tübingen. Sein Spezialthema ist die Zahlentheorie. Zu seinen wichtigsten Beiträgen gehört neben der Epsilon-Vermutung auch die Methode für die Auflösung elliptischer Kurven auf endlichen Körpern, die als „Weil-Abstieg" bezeichnet wird. Dieser Beweis hat einem vielversprechenden Bereich der Kryptografie ein Ende gesetzt.

Hypothese von Frey auf etwas andere Art (wobei die Lücken durch die Einführung sogenannter „modularer Galois-Darstellungen" gefüllt wurden) und erhob sie offiziell in den Status einer Vermutung. Die Epsilon-Vermutung, wie sie informell bezeichnet wurde, implizierte eine notwendige Beziehung zwischen Taniyama-Shimura und dem letzten Satz: Wenn das erste wahr ist, kann das andere nicht wahr sein und umgekehrt.

Von der Vermutung zum Satz

Die Epsilon-Vermutung bewirkte, dass alle Spezialisten im Bereich der Zahlentheorie ihr Glück damit versuchten. Zu ihnen gehörte auch ein brillanter junger amerikanischer Mathematiker, Kenneth Ribet, Mitte der 1980er-Jahre Professor in Berkeley. Ribet war Schüler Mazurs in Harvard, wo er auch promovierte. Von seinem Lehrer übernahm er die Leidenschaft für Verknüpfungen von Zahlentheorie und geometrischer Algebra, die Kummer in seiner Zeit bekannt gemacht hatte und die den Kontext bieten sollte, in dem all diejenigen arbeiteten, die sich mit der Lösung des letzten Satzes beschäftigten. Ribet selbst widmete sich der Aufgabe, die Epsilon-Vermutung zu beweisen. Eines Tages sah er das Licht am Ende des Tunnels. Mit seinen eigenen Worten:

> „Ich war völlig verzaubert. Ich ging wie auf einer Wolke zurück in meine Wohnung. Ich setzte mich, ging meine Argumente durch, und es funktionierte. Es funktionierte tatsächlich. Und bei der Konferenz [der International Mathematics Conference an der Universität Berkeley, San Francisco, 1986] begann ich, verschiedenen Leuten zu erzählen, dass ich es geschafft hatte, und schon wussten es ganz viele und sie kamen alle auf mich zu und fragten: ‚Stimmt es, dass du die

Epsilon-Vermutung bewiesen hast?' Ich musste eine Minute lang nachdenken und plötzlich sagte ich: ‚Ja, das habe ich.'"

Dieser einfache, ehrliche Bericht erlaubt uns eine Vorstellung von dem, was im Kopf eines Mathematikers vorgeht, wenn er erkennt, dass er ein Jota Wahrheit aus einem Ozean der Ignoranz gerettet hat. Ribet selbst berichtete später, dass er in seiner Doktorandenzeit Gauß zitiert und zum letzten Satz gesagt habe: „Dies ist eines der Probleme, zu dem wir nichts weiter sagen können, was von Nutzen sein könnte." Zu diesem Zeitpunkt hatte Ribet noch keine Vorstellung, dass seine Arbeiten ein paar Jahre später von grundlegender Bedeutung für den Beweis sein könnten. Die Epsilon-Vermutung ging in die Geschichtsbücher ein und wurde durch den Satz von Ribet ersetzt. Jetzt konnte der letzte Satz mit „modernsten" mathematischen Waffen angegangen werden.

Und was nun?

Die Karten waren auf dem Tisch. Wer die Taniyama-Shimura-Vermutung beweisen würde, würde den letzten Satz von Fermat beweisen. Einfach gesagt, aber schwierig, außerordentlich schwierig zu realisieren. Letztlich waren fast vierzig Jahre vergangen seit dem Symposium, in dem Taniyama seine ursprüngliche Idee unterbreitet hatte, und noch niemand hatte wesentliche Schritte in Richtung eines Beweises der Vermutung getan. Tatsächlich war die überwältigende Mehrheit der Spezialisten im Bereich der Zahlentheorie der Meinung, dass es sehr unwahrscheinlich sei, dass die Vermutung innerhalb weniger Jahrzehnte bewiesen werden würde (man denke dazu an die Einordnung von Mazur: „Eine wunderbare Vermutung, die zunächst ignoriert wurde, weil sie ihrer Zeit weit voraus war.") Ein großer Teil des Problems lag in der Tatsache, dass sowohl Modulformen als auch elliptische Kurven, die beiden Typen mathematischer Objekte, die laut der Vermutung miteinander verknüpft waren, unendlich waren. Wer versuchte, die gewaltige Aufgabe zu übernehmen, die Taniyama-Shimura-Vermutung zu beweisen, musste nicht nur dieses gewaltige Problem lösen, sondern auch eine Vielzahl anderer, kleinerer, aber ebenso schwieriger Probleme. Ein Prozess, bei dem der kleinste Fehler dazu führen konnte, Jahre harter Arbeit zunichte zu machen. Wenn der Satz als der Mount Everest der Mathematik betrachtet wird, dann kann man sagen, dass Taniyama, Shimura, Mazur, Frey, Serre und Ribet eine neue Route zum Gipfel gefunden hatten, die zuvor völlig verborgen war, aber heute immer noch sehr tückisch ist.

Kapitel 6

Der Beweis

$x^n + y^n = z^n$: keine Lösungen.
Ich habe einen wirklich bemerkenswerten Beweis dafür gefunden,
aber ich kann ihn nicht aufschreiben, weil mein Zug gleich kommt.
Graffiti in einer U-Bahn-Station in New York, 1988

An einem Sommernachmittag im Jahr 1986 besuchte Andrew Wiles einen Freund. Sie tranken Eistee, und während der Unterhaltung warf sein Freund ein, dass Ribet die Epsilon-Vermutung bewiesen hatte. Diese Aussage löste eine wahre Sintflut an Emotionen in Wiles aus. Mit seinen eigenen Worten: „Ich wusste, dass sich mein Lebensweg gerade komplett änderte, weil dies bedeutete, dass ich für den Beweis des letzten Satzes von Fermat nur die Taniyama-Shimura-Vermutung beweisen musste. Von diesem Moment an arbeitete ich genau daran."

Wiles brach alle anderen Projekte ab, an denen er gerade beteiligt war, und widmete sich voll und ganz der Lösung des Problems. Diese Entscheidung schnitt ihn für die darauffolgenden sieben Jahre völlig von der Außenwelt ab, obwohl er, wie er Jahre später erklärte, einen entscheidenden Vorteil hatte: Kein anderer hatte eine Idee, wie das Problem in Angriff genommen werden könnte. Dieses relative Fehlen von Wettbewerbern hatte natürlich auch seine Nachteile: „Ich erkannte nach einer Weile, dass ich nicht mehr einfach mit anderen über Fermat sprechen konnte, weil dies einfach zu viel Interesse erzeugt hätte. Man kann sich nicht jahrelang auf etwas fokussieren, wenn man nicht die ungeteilte Konzentration aufbringt, die zu viele Zuschauer zerstört hätten." Wiles ging stark davon aus, dass er später auf dem Weg zum Ruhm nicht nur gegen die Uhr arbeiten musste, sondern auch unter den prüfenden Blicken der gesamten Welt.

Der Junge, der davon träumte, den letzten Satz von Fermat zu beweisen

Eine der bekanntesten Anekdoten über Wiles erzählt von seiner frühen Faszination für den letzten Satz, nachdem er im Alter von zwölf zufällig in einem Buch über populäre Mathematik darüber gelesen hatte. Der junge Wiles dachte angesichts des

DIE GEFAHREN DER EXTRAPOLATION

Wie im vorigen Kapitel bereits erwähnt, wurde in den 1990er-Jahren der letzte Satz für Exponenten bis zu vier Millionen überprüft. Wenn er für Koeffizienten in dieser Größenordnung korrekt ist, warum sind die Mathematiker dann immer noch so erpicht darauf, das Ergebnis für alle möglichen Exponenten zu beweisen? Wäre es nicht extrem unwahrscheinlich, ja sogar unmöglich, dass ein unvorstellbar großer Exponent gefunden würde, der der Formel widerspricht – einfach vom Himmel fallend, ohne jede Vorwarnung? Ist die mathematische Gemeinschaft womöglich übermäßig streng? Abgesehen von den psychologischen Aspekten kann eine Vermutung, die eine Eigenschaft für eine unendliche Anzahl an Fällen bestätigt, also eine Sammlung „experimenteller" Ergebnisse, und sei sie noch so groß, als nichts anderes als ein Hinweis betrachtet werden, niemals als Beweis. Und die Mathematik basiert auf Beweisen, auf nicht verhandelbaren Wahrheiten. Darin liegt nicht nur ihr Zauber, sondern auch ihre Leistung als wissenschaftliches Werkzeug. Darüber hinaus ist die Geschichte der Zahlentheorie geplagt von Gegenbeispielen für Hypothesen, oder sollen wir sagen „empirischen Hinweisen"? Beispielsweise vermutete Euler in seiner Zeit, dass die folgende Gleichung keine Lösung hat:

$$x^4 + y^4 + z^4 = w^4.$$

Die Schaltkreise so mancher Computer wurden in jahrzehntelangen Versuchen verschlissen, ein Gegenbeispiel für diese Hypothese zu finden – erfolglos. Die Versuchung, einfach zu bestätigen, dass die Vermutung von Euler für alle Fälle korrekt ist, war bereits groß, als 1988 Noam Elkies die mathematische Gemeinschaft erstaunte:

$$2\,682\,440^4 + 15\,365\,639^4 + 187\,960^4 = 20\,615\,673^4.$$

Und das war noch nicht alles: Elkies hatte nicht nur eine Lösung gefunden, sondern auch gezeigt, dass es unendlich viele Lösungen gibt. Auch Computer, so scheint es, haben ihre Grenzen.

verlorenen Beweises wie an einen vergrabenen Schatz und Abenteuer in fernen Landen und unheimlichen Höhlen. Er war so fasziniert, dass er begann, das Problem mit seiner Schulmathematik anzugehen. Diese Anekdote zeigt das Ausmaß, in dem die scheinbar einfache Aussage Fermats selbst ein Kind in ihren Bann ziehen kann und all diejenigen, die sich damit beschäftigen, immer weiter und weiter in die unsagbaren Tiefen des letzten Satzes mit sich nimmt. Der junge Wiles musste seine Versuche unweigerlich einstellen, aber der Zauberspruch Fermats würde ihn ein Leben lang verfolgen.

Obwohl Andrew John Wiles 1953 in Cambridge geboren war, machte er seinen Universitätsabschluss in Oxford, wo sein Vater, Maurice Frank Wiles, als Professor für Theologie lehrte. Er studierte jedoch für seine Promotion (PhD) in Cambridge unter der Anleitung des Australiers John Coates. Seine Doktorarbeit beschäftigte sich mit der

Arithmetik elliptischer Kurven, basierend auf Methoden, die auch als „Iwasawa-Theorie" bezeichnet wurden. Anfang der 1980er-Jahre nahm Wiles einen Lehrauftrag an der Universität Princeton an und wurde zu einem der Herausgeber der *Annals of Mathematics*, einer höchst angesehenen Zeitschrift. Scheinbar hatte Wiles seine frühe Faszination für Fermat vergessen. Wie er später erklärte: „Nein, ich hatte ihn nicht vergessen. Es war immer da. Ich dachte immer daran, aber ich wusste, dass die einzigen Techniken, daran zu arbeiten, etwa 100 Jahre alt waren, und ich glaubte nicht, dass man dem Problem damit auf den Grund hätte gehen können. Als ich nach Cambridge kam, arbeitete mein Lehrer John Coates an der Iwasawa-Theorie und elliptischen Kurven und ich begann, mit ihm daran zu arbeiten." Eine der wunderbaren Symmetrien in unserer Geschichte ist, dass diese Theorie zu einem der Schlüssel für den Beweis des letzten Satzes werden sollte. 1986 bewies Ribet schließlich die Epsilon-Vermutung, und Wiles wurde wieder von seiner alten Leidenschaft überwältigt.

Unendlichkeiten zählen

In den folgenden sieben Jahren arbeitete Wiles wie besessen an seinem Beweis. In den ersten beiden Jahren konzentrierte er sich nur darauf, sich in das Problem einzuarbeiten und es aus allen möglichen Perspektiven zu betrachten – immer auf der Suche nach einem Angriffsplan, der einen funktionierenden Beweis erlauben würde. (Dazu bemerkte der Brite John Edensor Littlewood einst, dass ein Mathematiker ein Problem so gut wie seine Westentasche kennen sollte.) Die Dachkammer im dritten Stock des Hauses der Wiles am Rande von Princeton wurde zum regsamsten Raum im ganzen Haus, wenn man auch zunächst nicht daran glaubte, weil kaum ein Geräusch daraus zu hören war. Wiles stöpselte das Telefon aus. Da er noch nie gern mit Computern umgegangen war, erledigte er seine Arbeiten ausschließlich auf Papier und füllte Abertausende von Seiten mit allen möglichen Formeln, Zeichnungen, Diagrammen und Graphen. Der Fortschritt erfolgte extrem langsam. Manchmal versuchte er, Werkzeuge einzusetzen, die er bereits kannte, um von einem Schritt des Beweises zu einem anderen zu gelangen, um ihn sanft an seine eigenen Zwecke anzupassen. Und es gab Zeiten, in denen er einfach versuchte, eine neue Mathematik zu erfinden. In der gesamten anfänglichen Phase des Prozesses wahrte Wiles strenges Stillschweigen über seine Arbeit.

Zunächst zog er die Möglichkeit in Betracht, einerseits alle elliptischen Funktionen zu „zählen" (deren Anzahl, wir erinnern uns, unendlich ist), und andererseits die modularen elliptischen Funktionen (ebenfalls unendlich) und zu beweisen, dass die Anzahl in beiden Fällen gleich war. Diese Strategie erwies sich als ineffektiv, obwohl Wiles im

Andrew Wiles im Jahr 2000 (Foto von C.J. Mozzochi, Princeton, New Jersey).

Verlauf seiner Studien über ein wichtiges Ergebnis stolperte, das ihm seine Aufgabe vereinfachen sollte. Statt die Taniyama-Shimura-Vermutung für alle elliptischen Kurven zu beweisen, erkannte er, dass er den Beweis nur für eine Untergruppe dieser Kurven führen musste, nämlich die semistabilen.

In diesem Teil seiner Arbeit holte sich Wiles Inspirationen aus der Galoistheorie, benannt zu Ehren seines Erfinders, dem von Unglück verfolgten französischen Mathematiker Évariste Galois (1811–1832). Galois, eine wahrhaft tragische Figur in der Geschichte der Mathematik, hatte die brillante Idee, die möglichen Lösungen (oder Wurzeln) eines Polynoms im Hinblick auf die Permutationen zu untersuchen, die auf diesen Wurzeln basieren. Diese Idee wurde später von Augustin Louis Cauchy und Arthur Cayley mit außergewöhnlichem Erfolg weiterentwickelt.

Beispielsweise hat die Polynomgleichung zweiten Grades

$$x^2 - 4x + 1 = 0$$

die Wurzeln $x_1 = 2+\sqrt{3}$ und $x_2 = 2-\sqrt{3}$.

Beide Wurzeln erfüllen die folgenden algebraischen Gleichungen:

$$x_1 + x_2 = 4\,;$$
$$x_1\, x_2 = 1.$$

Beide Gleichungen gelten auch, wenn wir x_1 und x_2 vertauschen:

$$x_2 + x_1 = 4\,;$$
$$x_2\, x_1 = 1.$$

Galois erforschte vor allem Funktionen, die invariant im Hinblick auf die Permutationen ihrer Wurzeln waren. Basierend auf dieser Arbeit definierte er, was man auch als die Galois-Gruppe einer Gleichung bezeichnet. Als Beispiel sei die Galois-Gruppe des

Polynoms $x^2 - 4x + 1 = 0$ genannt, bestehend aus zwei Permutationen – der identischen Permutation (wobei die Wurzeln unverändert beibehalten werden) und der Transposition (wie im Beispiel oben gezeigt). Die Eigenschaften von Galois-Gruppen sind ein extrem leistungsstarkes Werkzeug, das es ermöglicht, hoch komplexe Strukturen zu charakterisieren, und Wiles setzte es sinnvoll ein, als es das erste große Hindernis in seinem Beweis zu überwinden galt. Insbesondere begann er, elliptische Gleichungen im Hinblick auf ihre Galois-Darstellungen zu definieren und bewies, dass diesen bestimmten charakteristischen Elementen Modulformen zugeordnet werden konnten. Damit konnte Wiles das Problem des „Zählens" in eine handlichere Form umwandeln. Dieser erste und grundlegende Fortschritt war schon anerkennenswert in der mathematischen Gemeinschaft. Nach diesem ersten Schritt hatte Wiles bereits seit zwei Jahren intensiv gearbeitet.

Wie konnte Wiles bei seiner Arbeit in vollkommener Isolation immer wieder die Stärke finden, weiterzumachen? In seinen eigenen Worten: „Ich konzentrierte mich sehr

DAS ZORNIGE GENIE

Ein Portrait von Évariste Galois im Alter von 15, gezeichnet von einem seiner Klassenkameraden.

Évariste Galois war ein junger und leidenschaftlicher Franzose, der nicht zögerte, in den turbulenten Jahren um Louis Philippe I., dem letzten König Frankreichs, für die republikanische Sache einzutreten. Außerdem ist er eines der bemerkenswertesten Genies in der Geschichte der Mathematik. Sein hitziges Temperament passte jedoch schlecht zur Strenge der akademischen Forschung. Er bestand die Aufnahmeprüfungen für die Universität nicht, was bedeutet, dass seine mathematischen Veröffentlichungen von seinen Zeitgenossen unbemerkt blieben. Galois überwand seine akademische Frustration durch einen erhöhten politischen Radikalismus, was dazu führte, dass er sich ein Duell mit einem Artillerieoffizier lieferte, der mit der Monarchie sympathisierte. Er erkannte seinen Nachteil, was den Umgang mit Waffen betraf, deshalb schrieb er in der Nacht vor dem Duell einen verzweifelten Brief an seinen Verwandten Auguste Chevalier, einen etablierten Mathematiker, in dem er seine wissenschaftlichen Ideen zusammenfasste. Am nächsten Morgen erlitt er eine tödliche Verletzung und starb wenige Stunden später. Sein Brief an Chevalier enthielt die Saat für die Theorie, die später nach ihm benannt werden sollte, eine der grundlegenden Säulen der modernen Algebra. Galois wurde 21 Jahre alt.

stark, und stellte fest, dass die Gesellschaft von Kindern die beste Form der Erholung darstellt. Wenn man mit Kindern spricht, interessieren sie sich einfach nicht für Fermat, zumindest in diesem Alter. Sie wollen ein Märchen hören, und sie lassen nichts anderes zu." Vielleicht hatte Wiles einfach Glück, dass sich seine Kinder nicht für Fermat interessierten – ganz anders als er selbst in seiner Kindheit.

Die neue Zählmethode, die Wiles abgeleitet hatte, zeigte außerdem interessante Parallelen zu dem Material, das er für seine Promotion unter der Anleitung von Coates bearbeitet hatte – die Iwasawa-Theorie. 1988 konnte er bereits den Atem anderer Mathematiker im Nacken spüren. Man kann sich sein Gesicht vorstellen, als er am 8. März in der Zeitung las, dass der letzte Satz von Fermat von einem Mathematiker aus Japan bewiesen worden war, Yoichi Miyaoka. Die Details des Beweises waren noch nicht veröffentlicht, aber verschiedene Fachleute aus dem Bereich hatten öffentlich ihr Vertrauen in die allgemeine Vorgehensweise der von dem jungen japanischen Mathematiker vorgestellten Argumente ausgedrückt. Einige Monate später wurde jedoch deutlich, dass der angebliche Beweis einen fatalen Fehler enthielt. Und Wiles blieb noch viel zu tun.

DER BEWEIS DES LETZTEN SATZES VON FERMAT DURCH MIYAOKA

Robert Langlands beim 61. Geburtstag des Mathematikers Pierre Deligne in Princeton. Die Feierlichkeiten fanden 2006 statt (Foto: C. J. Mozzochi, Princeton, N.J).

Der fehlgeschlagene Beweis für den letzten Satz von Fermat, den Miyaoka vorgelegt hatte, basierte auf der Annäherung des Problems, abgeleitet aus der Philosophie der Parallelität. Inspiriert von bestimmten allgemeinen Prinzipien, die Ende der 1960er-Jahre vom kanadischen Mathematiker Robert Langlands im sogenannten „Langlands-Programm" veröffentlicht wurden, sollte diese Philosophie zahlreiche Probleme aus der Zahlentheorie angehen, wozu Werkzeuge aus der algebraischen Geometrie verwendet wurden. Ein Beispiel für den erfolgreichen Einsatz der Theorie ist der Beweis der Mordell-Vermutung durch den talentierten deutschen Mathematiker Gerd Faltings. Faltings war es auch, der als einer der für die Bestätigung der Gültigkeit des Beweises beauftragten Mathematiker den spezifischen Fehler fand, den der japanische Mathematiker gemacht hatte. Der unermüdliche Einsatz von Miyaoka, den Fehler zu beheben, führte jedoch nie zu einer Lösung.

Flach, Katz und flackerndes Licht

Zur großen Enttäuschung von Wiles erwies sich die Iwasawa-Theorie als nicht so hilfreich, wie er gehofft hatte. Seine Frustration war offensichtlich, als er erklärte:

> „Ich dachte wirklich, auf dem richtigen Weg zu sein, aber das bedeutete nicht unbedingt, dass ich mein Ziel erreichen würde. Es konnte sein, dass die benötigten Methoden … erst in 100 Jahren entwickelt werden sollten. Selbst wenn ich auf dem richtigen Weg war, konnte es sein, dass ich im falschen Jahrhundert lebte."

Nach fünf Jahren der Isolation beschloss Wiles, sich zu öffnen und nahm Kontakt mit verschiedenen Kollegen auf, unter anderem mit seinem alten Mentor John Coates. Coates sprach anerkennend über die Arbeit eines seiner Studenten, Matthias Flach, der basierend auf der Arbeit des Russen Victor Kolyvagin scheinbar ein leistungsstarkes Werkzeug entwickelt hatte, das es ermöglichen könnte, die elliptischen Gleichungen zu vereinfachen, die sich den Bemühungen Wiles' widersetzten. Den Worten von Wiles nach schienen sie genau passend für seine Zwecke zu sein. Jetzt mussten nur noch die partiellen Ergebnisse von Flach-Kolyvagin erweitert werden, um den Umfang seines speziellen Problems abzudecken.

Wiles machte sich sofort mit neuem Eifer an die Arbeit. Nach ein paar Monaten intensivster Arbeit schien die neue Technik die erwarteten Ergebnisse zu liefern, aber Wiles fühlte sich noch sehr unsicher, zumal er seinen komplizierten Beweis auf einer Technik basieren lies, die erst vor kurzer Zeit entdeckt worden war und an der er immer noch gewisse Zweifel hatte. Die Zeit war gekommen, sein Geheimnis zu lüften und sich Hilfe für seinen einsamen Kampf zu holen.

Die Person, die sich Wiles als Vertrauten und Helfer aussuchte, war ein Kollege aus der Universität, ein Fachmann für die Algebra, die in der Arbeit von Flach-Kolyvagin angewendet wurde. Nick Katz berichtet von dem Moment, als Wiles ihm von der Natur des Projekts erzählte, an dem er in den letzten sechs Jahren gearbeitet hatte: „Im Januar 1993 fragte mich Andrew eines Tages, ob ich ihn in seinem Büro besuchen könnte. Er wollte über irgendetwas mit mir sprechen. Ich hatte keine Ahnung, worum es gehen könnte. Ich ging also in sein Büro. Er schloss die Tür. Er sagte, er sei der Meinung, Taniyama-Shimura beweisen zu können. Ich war begeistert. Das Ganze war so fantastisch!"

Wiles suchte Katz nicht nur wegen seines mathematischen Wissens aus, sondern auch, weil er der Meinung war, dieser könne sein Geheimnis bewahren. Und er hatte recht. Dennoch blieb die Herausforderung, eine Arbeitsmethode zu entwickeln, die unabhän-

ERLEUCHTUNG

Mitten in seinem Unterfangen, die Iwasawa-Theorie auf seinen Beweis anzuwenden, beschloss Wiles, einen Ausflug an einen See in der Nähe des Campus zu machen. Er hatte die Hoffnung, sich dort erholen zu können, und (nach seinen eigenen Worten) dem „Unterbewusstsein die Gelegenheit zu geben, auf ihn einzuwirken". Der Glaube, dass das Unterbewusstsein an einer Problemlösung weiterarbeitet, ist ein häufiger Aspekt in der kreativen Erfahrung, insbesondere bei Mathematikern. Der Franzose Henri Poincaré hinterließ uns ein lebendiges Bild eines Moments der Erleuchtung, das aus einem vergleichbaren mentalen Prozess entstanden war, als er entdeckte, dass Fuchs-Funktionen (später umbenannt in automorphe Funktionen) identisch mit denjenigen der nicht-euklidischen Geometrie waren: „Zu diesem Zeitpunkt verließ ich Caen, um mich an einer geologischen Exkursion zu beteiligen … Dank der neuen Eindrücke auf der Reise vergaß ich meine mathematischen Arbeiten. Wir stiegen in einen Bus, um an irgendeinen Ort zu reisen. Gerade als ich meinen Fuß auf das Trittbrett stellte, kam mir die Idee, ohne dass irgendetwas anderes in meinen vorherigen Gedanken den Weg dafür geebnet hätte. Bei meiner Rückkehr nach Caen habe ich des guten Gewissens halber die Ergebnisse in Ruhe überprüft."

gig von den Stunden, die sie für die Diskussion und Überprüfung von Gleichungen benötigen würden, nicht den Verdacht anderer Kollegen an der Universität wecken würde. Wiles und Katz hatten eine geniale Idee. Wiles kündigte eine neue Vorlesung mit dem Titel „Berechnungen für elliptische Kurven" an, die sowohl für Doktoranden als auch für Fakultätsmitglieder offen war. Ihr Inhalt war nichts anderes als eine schrittweise Erklärung des Beweises von Wiles, sodass Katz ihn in seiner Eigenschaft als sein Assistent genau überprüfen konnte, ohne Verdacht zu erregen. Die wenigen Doktoranden, die sich einschrieben, blieben nicht lange dabei, weil in der Vorlesung extrem esoterischer Stoff gelehrt wurde. „Man kann dem Stoff nicht folgen, wenn man nicht weiß, wofür er gut ist. Und selbst wenn man weiß, wofür er gut ist, ist er extrem schwierig. Aber nach ein paar Wochen war ich der einzige Zuhörer", erinnert sich Katz.

Dieses Arrangement trug Früchte, und Katz konnte keine Fehler in den Beweisschritten von Wiles finden. Um noch sicherer zu sein, lud Wiles ein drittes Mitglied in die geheime Gesellschaft ein, Peter Sarnak, einen weiteren Kollegen aus Princeton. „Ich glaube, ich kann den letzten Satz von Fermat beweisen", vertraute Wiles einem erstaunten Sarnak an. „Ich glaube, in dieser Nacht konnte ich sehr schlecht einschlafen", berichtet dieser später.

Es blieb jedoch ein Hindernis. Einige elliptische Kurven widersetzten sich dieser Technik. Hier trat die Figur von Mazur auf den Plan. Einer seiner Artikel brachte Wiles auf die Idee, einen Parameter in seiner Arbeit zu ändern. Wiles erinnert sich:

„Und ich arbeitete weiter an den Details und die Zeit verging. Ich vergaß, zum Mittagessen nach unten zu gehen. Es wurde Nachmittag, ich ging hinunter, und Nada [Wiles' Frau] war sehr überrascht, dass ich so spät kam. Ich sagte ihr, ich glaubte, den letzten Satz von Fermat bewiesen zu haben. Ich war davon überzeugt, dass ich Fermat in der Hand hatte und dass es eine Konferenz in Cambridge geben würde, organisiert von meinem Lehrer John Coates. Ich dachte, das wäre ein wundervoller Ort. Es ist meine alte Heimatstadt, und ich habe dort studiert."

Standbild aus dem Video zu Fermats letztem Satz. Viele Mathematiker waren an diesem 1993 entstandenen Film beteiligt, u. a. Andrew Wiles und Ken Ribet.

Die Konferenz in Cambridge wurde zwischen dem 21. und dem 23. Juni anberaumt, und Wiles arbeitete unter Hochdruck, um diese letzten sieben Jahre Arbeit zu organisieren. Das Manuskript für die endgültige Version des Beweises umfasste fast 200 Seiten, und er wurde gerade noch rechtzeitig fertig, um das Flugzeug nach England zu erwischen.

Eine E-Mail am frühen Morgen

1993 war der britische Mathematiker John Horton Conway das strahlendste Talent an der Fakultät für Mathematik der Universität Princeton. Als anerkannter Experte in den Bereichen Zahlentheorie, Spieltheorie und Geometrie hatte er auch einen der ersten zellulären Automaten erfunden, ein selbst-modifizierendes Computerprogramm, das auch als „Spiel des Lebens" bezeichnet wurde. Am 23. Juni kam Conway, ein Frühaufsteher, als erster in die Mathematische Fakultät. Mehrere Wochen waren vergangen, seit einer seiner Kollegen, Andrew Wiles, zu einer Konferenz in Cambridge abgereist war, und Conway, ein aktives Mitglied der internationalen mathematischen Gemeinschaft, hatte Gerüchte gehört, die mit einem wichtigen, bahnbrechenden Ergebnis zu tun hatten, ohne jedoch mehr darüber zu wissen. Mit dem ersten Morgenlicht, das die Berge aus Papier und Büchern beleuchtete, die sich überall in seinem Büro stapelten, schaltete er den Computer ein und las die E-Mails, die über Nacht eingetroffen waren. Eine der letzten war um 5.53 Uhr geschrieben und hatte die folgende knappe Betreffzeile: „Wiles beweist F.L.S."

„Ich bin noch nicht zufrieden, Andrew"

Wiles kam am selben Freitag nach Princeton zurück, emotional völlig erschöpft. „Ich bin fast sieben Jahre nicht von diesem Problem losgekommen", erklärte Wiles. „Es hat mich Tag für Tag begleitet. Ich hatte fast vergessen, wie es ist, aufzustehen und über etwas ganz Anderes nachdenken zu können." Wiles sichtete den Berg an Nachrichten mit Glückwünschen. Einige kamen von Menschen, die sich bei ihm dafür bedankten, die Lösung für das Problem noch zu ihren Lebzeiten sehen zu dürfen. Die Nachwirkungen des Ereignisses waren so enorm, dass das US-Magazin *People* Wiles völlig überraschend als einen der 25 faszinierendsten Menschen des Jahres auflistete.

Obwohl der Beweis von Wiles immer noch Gegenstand von Dokumentationen und Fernsehsendungen war, begann in der akademischen Welt ein weniger lohnender, aber gleichermaßen notwendiger Prozess. Der Beweis wurde von einem Komitee aus Experten überprüft, ein wichtiger Schritt, damit er als korrekt anerkannt werden konnte. Für ein so komplexes Dokument wie den Beweis von Wiles, dessen endgültige Version fast 200 Seiten hatte, dauerte dieses Verfahren mehrere Monate. Bei mehr als einer Gelegenheit hatte derselbe Prozess fatale Fehler in Beweisen aufgedeckt, die als korrekt erachtet worden waren (ein Beispiel dafür ist der Beweis von Miyaoka fünf Jahre zuvor), dennoch war man allgemein davon überzeugt, dass es sich dabei um eine reine Formalität handelte, zumal Wiles seine Arbeit zuvor gewissenhaft hatte überprüfen lassen. Gleichzeitig erwartete niemand, dass das Dokument völlig fehlerfrei war. Es war normal, dass bei der Überprüfung kleine Fehler festgestellt wurden, aber größtenteils wirkten sich diese nicht auf das Hauptargument aus, und sie konnten ganz einfach behoben werden.

Wiles hatte beschlossen, seinen Beweis in der akademischen Zeitschrift *Inventiones Mathematicae* zu veröffentlichen, deren Herausgeber kein geringerer als Barry Mazur war. Mazur stellte ein Team aus Experten für die Überprüfung zusammen, mit bekannten Namen wie Gerd Faltings und Nick Katz. Katz verbrachte fast jeden Tag im Juli und August damit, sich durch die Arbeit von Wiles zu bewegen, Zeile um Zeile, insbesondere Kapitel 3, das 70 Seiten umfasste. Die Überprüfung fand Tag für Tag nach demselben Muster statt. Wenn Katz einen Zweifel an einem Teil der Schritte des Beweises hatte, schickte er eine E-Mail an Wiles, der so schnell wie möglich antwortete und es immer schaffte, die Zweifel vollständig auszuräumen. Bis auf einen Fall.

Der Mathematiker Nick Katz, der als Erster mit Wiles an seinen Forschungen zusammenarbeitete und später einer der Prüfer des Beweises war (Foto: C.J. Mozzochi, Princeton, New Jersey).

Katz hatte etwa zwei Drittel des Kapitels geprüft, das ihm zugeteilt worden war, und er hatte Schwierigkeiten, ein bestimmtes Argument zu verstehen, für dessen Gültigkeit die Einrichtung und Anwendung eines abstrusen mathematischen Werkzeugs erforderlich war, des sogenannten „Euler-Systems", eines der Elemente, die aus den Flach-Kolyvagin-Methoden übernommen worden war, die Katz und Wiles bei den Sitzungen ihrer fingierten Vorlesung diskutiert hatten. Es war ein besonders komplizierter Teil des Beweises, und statt eine E-Mail zu senden, schickte Katz seine Bedenken per Fax an Wiles. Wiles antwortete mit der üblichen Geschwindigkeit, aber Katz war anders als zuvor nicht zufrieden und schickte ihm die Frage erneut, mit der unschuldigen Anmerkung: „Ich bin immer noch nicht zufrieden, Andrew." Die beiden tauschten wieder Faxe aus, ohne Erfolg. Im September hatte Wiles keine Alternative mehr und musste akzeptieren, dass irgendetwas schiefllief.

Zunächst bestand er darauf, das Problem durch verschiedene Änderungen am Flach-Kolyvagin-System lösen zu wollen. Er sperrte sich wieder in seiner Dachkammer ein und arbeitete in völliger Isolation. Aber so sehr er es versuchte, so wenig war er in der Lage, den logischen Bruch zu beheben, der ihn daran hinderte, das Euler-System zu erhalten, das er so dringend benötigte.

Der Druck war kaum auszuhalten. Katz erinnert sich: „Im Oktober waren die einzigen Menschen, die von dem Fehler wussten, ich, Illusie [Luc Illusie, der französische Mathematiker, an den sich Katz im Juli gewandt hatte, um ihm bei der Prüfung zu helfen], die Prüfer der anderen Kapitel und Andrew. Ich verhielt mich, wie man es von jedem Prüfer erwartet: streng vertraulich." Die ganze Welt ging davon aus, dass die Bewertung eines solchen Manuskripts mehrere Monate dauern könnte, aber im Herbst 1993 begann die mathematische Gemeinschaft zu vermuten, dass es ein ernsthaftes Problem geben könnte, und wurde ungeduldig. Die Posteingänge der E-Mail-Konten der Fakultät waren mit allen möglichen Spekulationen gefüllt. (Simon Singh zitiert eine solche E-Mail vom 18. November von Joseph Lipman von der Universität Purdue, die die Meinung der Fachleute besonders gut widerspiegelt: „Es gibt viele Gerüchte über eine oder mehrere Lücken im Beweis von Wiles. Bedeutet ‚Lücke' einen Knacks, einen Riss, eine Kluft, eine Schlucht oder einen Abgrund?") Nach der phänomenalen Ankündigung

EIN RIESIGER TEPPICH

In einer Fernsehshow aus dem Jahr 2000 kommentierte Peter Sarnak die Bemühungen Wiles', den Fehler in seinem ursprünglichen Beweis zu korrigieren: „Immer wenn er versuchte, ihn an einer Ecke festzumachen, trat eine andere Schwierigkeit in einer der anderen Ecken auf. Es war, als würde er einen Teppich in einem Zimmer verlegen, wobei der Teppich größer als der Boden ist, und er konnte ihn in jeder Ecke verlegen, aber wenn er dann zu einer der anderen Ecken rannte, löste er sich an der vorherigen Ecke wieder. Und es lag noch nicht einmal in seiner Macht, zu erkennen, ob der Teppich überhaupt in das Zimmer passte."

bei der Konferenz im Juni hatte niemand außer den Prüfern die offizielle Version des Beweises zu Gesicht bekommen. Der Druck auf Wiles wurde beträchtlich, und einige Journalisten befragten die Fachleute zum Zustand des britischen Mathematikers und des eigentlichen Beweises.

Ende November war das Problem immer noch nicht gelöst. Wiles veröffentlichte deshalb am 4. Dezember die folgende Mitteilung in der Newsgroup *sci.math*:

> „Angesichts der Spekulationen zum Status meiner Arbeit über die Taniyama-Shimura-Vermutung und den letzten Satz von Fermat möchte ich hier eine kurze Beschreibung der Situation veröffentlichen. Während des Prüfprozesses sind einige Probleme aufgetaucht. Die meisten davon wurden gelöst, aber über ein ganz spezielles Problem bin ich mir noch nicht im Klaren. Ich bin der Ansicht, ich kann dies in der nahen Zukunft lösen. Ich verwende dazu die Ideen, die ich in meinen Vorlesungen in Cambridge dargelegt habe. Die Tatsache, dass noch viel Arbeit am Manuskript zu erledigen ist, bedeutet, dass es noch nicht zur Freigabe als Vorabdruck bereit ist. In meiner Vorlesung in Princeton ab Februar werde ich einen vollständigen Bericht über diese Arbeit vorlegen."
>
> Andrew Wiles

Die Situation war äußerst unangenehm für alle Beteiligten, insbesondere für Wiles, der später erklärte:

> „Die ersten Jahre, die ich mit der Arbeit an diesem Problem verbrachte, liebte ich jede Minute davon. Es war manchmal schwierig, es gab oft Rückschläge, es gab Situationen, die unüberwindbar schienen, aber dies war ein privater und sehr persönlicher Kampf für mich. Und dann musste ich, als dieses Problem aufgetreten

war, Mathematik unter aller Augen betreiben, was ganz sicher nicht mein Stil ist, und was ich nicht wiederholen möchte.“

Auf Ratschlag von Sarnak hin nahm Wiles die Hilfe eines früheren Studenten in Anspruch, Richard Taylor, ein begabter junger Mathematiker. Beide machten sich an die Arbeit, aber fast das ganze Jahr 1994 verging, ohne dass sie eine Möglichkeit fanden, die Flach-Kolyvagin-Methoden an die Anforderungen des ursprünglichen Beweises anzupassen.

Erleuchtung

Im selben Herbst hatte Wiles, entmutigt und demoralisiert, die Grenzen seiner Kraft erreicht und beschloss, ein für alle Mal das Handtuch zu werfen. Es gab keine Möglichkeit, den Beweis zu rekonstruieren. Eine simple professionelle Intuition veranlasste ihn jedoch, drei Jahre zurückzugehen und die Flach-Kolyvagin-Technik noch einmal von Anfang an zu untersuchen, um zumindest erkennen zu können, warum eine Angriffslinie, die so vielversprechend gewesen war, letztlich scheiterte. Er setzte sich noch einmal an den Schreibtisch in seinem Büro, wo er so viel Anerkennung und dann so viel Ungnade erlebt hatte. Es war ein friedlicher Montagmorgen, der 19. September, ein Tag, dessen verworrene Details Wiles für immer im Gedächtnis bleiben werden:

> „Ich saß an diesem Schreibtisch und erkannte plötzlich, wo das Problem lag und hatte plötzlich und total unerwartet diese unglaubliche Erleuchtung. Ich erkannte, was mich aufhielt und was genau das Problem lösen würde, das ich in meinem Versuch mit der Iwasawa-Theorie drei Jahre zuvor gehabt hatte. Es war der allerwichtigste Moment in meinem gesamten Arbeitsleben. Es war so unbeschreiblich schön; so einfach und so elegant.“

Wiles saß 20 Minuten über seinen Dokumenten, erstaunt und ungläubig, und er hatte Tränen in den Augen.

> „Tagsüber ging ich in der Fakultät umher. Ich kam an meinen Schreibtisch zurück und wollte sehen, ob es immer noch da war. Und es war da. Das, was die Methode von Flach und Kolyvagin verwehrte, war genau das, was die Iwasawa-Theorie begünstigte. Mein anfänglicher Ansatz für das Problem von drei Jahren zuvor funktionierte. Damit schien die wahre Antwort für das Problem aus

der Asche aufzuerstehen. Ich ging heim und schlief darüber. Am nächsten Morgen überprüfte ich alles noch einmal. Um 11 Uhr war ich zufrieden, ging nach unten und erzählte es meiner Frau. ‚Ich hab's, ich glaube, ich hab's. Ich habe es gefunden!' Es war so unerwartet, dass sie dachte, ich spreche über das Spielzeug eines der Kinder, und sie sagte: ‚Was hast du?' Und ich sagte: ‚Ich habe meinen Beweis korrigiert. Ich hab's!'"

Nada hatte am 3. Oktober Geburtstag. Ein paar Tage zuvor hatte ihr Mann ihr ein außergewöhnliches Geschenk gemacht. In den folgenden Tagen überprüften Taylor und Wiles die Details des neuen, korrigierten Beweises, ohne irgendwelche Fehler zu finden. Ein paar Tage später wurden zwei Manuskripte veröffentlicht. Das erste, extrem lang und von Andrew Wiles unterzeichnet, trug den Titel „Modular Elliptic Curves and Fermat's Last Theorem". Das zweite hieß „Ring-Theoretic Properties of Certain Hecke Algebras", und es war von Wiles und Richard Taylor unterzeichnet. Das erste enthielt den Beweis der Taniyama-Shimura-Vermutung für semi-stabile elliptische Kurven, dessen wesentliche Schritte von den Details des zweiten gestützt wurden. Beide erhielten beachtliche Anerkennung und wurden den *Annals of Mathematics* zur Veröffentlichung vorgelegt, die sie nach der entsprechenden Überprüfung durch Kollegen anerkannte und in der Ausgabe vom Mai 1995 veröffentlichte.

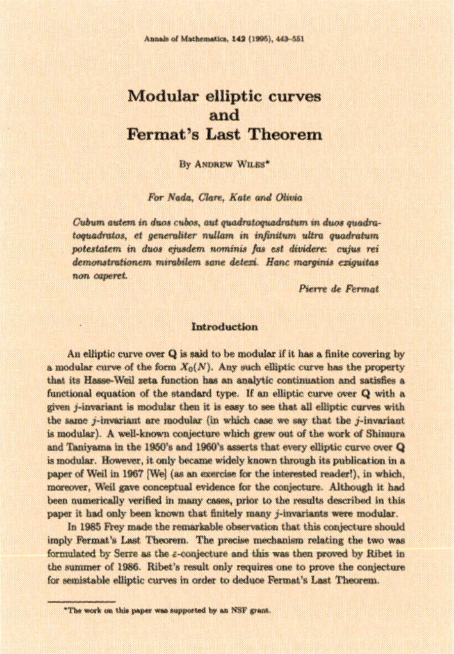

Annals of Mathematics, **142** (1995), 443–551

Modular elliptic curves and Fermat's Last Theorem

By Andrew Wiles*

For Nada, Clare, Kate and Olivia

Cubum autem in duos cubos, aut quadratoquadratum in duos quadratoquadratos, et generaliter nullam in infinitum ultra quadratum potestatem in duos ejusdem nominis fas est dividere: cujus rei demonstrationem mirabilem sane detexi. Hanc marginis exiguitas non caperet.

Pierre de Fermat

Introduction

An elliptic curve over **Q** is said to be modular if it has a finite covering by a modular curve of the form $X_0(N)$. Any such elliptic curve has the property that its Hasse-Weil zeta function has an analytic continuation and satisfies a functional equation of the standard type. If an elliptic curve over **Q** with a given j-invariant is modular then it is easy to see that all elliptic curves with the same j-invariant are modular (in which case we say that the j-invariant is modular). A well-known conjecture which grew out of the work of Shimura and Taniyama in the 1950's and 1960's asserts that every elliptic curve over **Q** is modular. However, it only became widely known through its publication in a paper of Weil in 1967 [We] (as an exercise for the interested reader!), in which, moreover, Weil gave conceptual evidence for the conjecture. Although it had been numerically verified in many cases, prior to the results described in this paper it had only been known that finitely many j-invariants were modular.

In 1985 Frey made the remarkable observation that this conjecture should imply Fermat's Last Theorem. The precise mechanism relating the two was formulated by Serre as the ε-conjecture and this was then proved by Ribet in the summer of 1986. Ribet's result only requires one to prove the conjecture for semistable elliptic curves in order to deduce Fermat's Last Theorem.

*The work on this paper was supported by an NSF grant.

Die erste Seite der Arbeit Modular Elliptic Curves and Fermat's Last Theorem, *veröffentlicht von Wiles in der Zeitschrift* Annals of Mathematics.

Die Medaille, die er nie bekam

Schließlich konnte die mathematische Gemeinschaft aufatmen. Die außergewöhnliche Leistung von Wiles, ein Happy End zu erzielen, mit dem niemand mehr gerechnet hatte, wurde von der gesamten wissenschaftlichen Welt wahrgenommen. Die Akademie zögerte nicht, seine Arbeit mit allen möglichen Auszeichnungen anzuerkennen, wie beispielsweise dem

Wolf-Preis 1995, einem der prestigeträchtigsten und anerkanntesten in der Disziplin; dem Schock-Preis im selben Jahr; der Royal Society Medal und dem Ostrowksi-Preis 1996; dem Cole-Preis für Zahlentheorie 1997, der zuvor an Goro Shimura, Barry Mazur und Karl Rubin gegangen war, und natürlich dem Fermat-Preis, ausgeschrieben 1989, um Beiträge in den Bereichen zu ehren, mit denen der französische Mathematiker berühmt geworden war.

1998 erhielt er auch den Faisal-Preis, und 1999 die Ehrung des Clay Mathematics Institute. Und keinesfalls dürfen wir den Wolfskehl-Preis vergessen, dessen Wert dramatisch reduziert worden war, größtenteils aufgrund der Hyperinflation, die Deutschland in den 1930er-Jahren erschüttert hatte, der aber immer noch einen sehr imposanten Betrag von 38.000 Euro wert war.

Die Liste der Ehrungen für Wiles ist bemerkenswert – bis auf eine Ausnahme, die Fields-Medaille. Diese Medaille, die einmal alle vier Jahre vergeben wird, war 1936 vom kanadischen Mathematiker John Charles Fields begründet worden. Sie wird in der International Mathematical Union (IMU) Conference verliehen, und trotz des moderaten Preisgeldes von nur 12.500 Euro stellt sie zweifellos die ruhmreichste Ehrung in der Disziplin dar. Fields wollte junge Mathematiker unterstützen, d. h. das Höchstalter für den Preisträger wurde auf 40 Jahre festgelegt. Es herrscht allgemein die Überzeugung, dass die kreative Aktivität in dieser speziellen Disziplin erst im dritten Lebensjahrzehnt ihre Spitze erreicht, aber dennoch wird die Fields-Medaille als fairer Preis betrachtet und als präzise Bewertung der wichtigsten Beiträge zur Mathematik. Zum Leidwesen für den britischen Mathematiker und die Medaille selbst war Wiles zum Zeitpunkt der Zeremonie 1994 bereits 41 Jahre alt. Die IMU kam jedoch nicht umhin, seinen Beitrag anzuerkennen, und zum ersten Mal in der Geschichte gab es einen Zusatzpreis in Form eines Silbertellers in Anerkennung der außergewöhnlichen Entdeckung Wiles‘.

Epilog. Ein Leben nach Fermat?

In der Einführung zu seiner gefeierten Konferenz im Jahr 1900 über den Status der Mathematik zu Beginn des neuen Jahrhunderts schrieb der deutsche Mathematiker David Hilbert: „Wer von uns wäre nicht glücklich, den Vorhang zu lüften, hinter dem die Zukunft verborgen ist? Wer möchte nicht einen Blick auf die nächsten Fortschritte unserer Wissenschaft und auf die Geheimnisse ihrer Entwicklung in den zukünftigen Jahrhunderten werfen?“ Im Hinblick auf den letzten Satz fügte er hinzu: „Der Versuch, diese Unmöglichkeit zu beweisen, ist ein bemerkenswertes Beispiel für die inspirierende Wirkung, die ein derart spezielles und scheinbar unwichtiges Problem auf die

Wissenschaft haben kann. Kummer, der von Fermats Problem angespornt wurde, gelangte damit zur Einführung der idealen Zahlen sowie zur Entdeckung des Gesetzes der eindeutigen Zerlegung der Zahlen eines ringförmigen Feldes in ideale Primfaktoren – ein Gesetz, das heute im Zentrum der modernen Zahlentheorie steht und dessen Bedeutung weit über die Grenzen der Zahlentheorie in die Welt der Algebra und die Theorie der Funktionen hineinreicht."

Hilbert schrieb seine Überlegungen Jahrzehnte vor den Beiträgen von Mordell, Taniyama-Shimura und Frey nieder. Wer weiß, welch außergewöhnliche Fortschritte von den Arbeiten dieser Leute noch abgeleitet werden? Welche anderen unerwarteten Verbindungen zwischen anderen Regionen auf der riesigen mathematischen Landkarte könnte es anhand der magischen Brücke zwischen den elliptischen Kurven und den Modulformen, wie von Taniyama-Shimura vorgeschlagen, noch geben, von denen man heute noch überhaupt nichts weiß?

Die Bedeutung des letzten Satzes liegt jedoch nicht in seiner wissenschaftlichen Relevanz, wie groß sie auch sein mag, sondern in dem katalytischen Effekt, den eine Entdeckung dieses Umfangs auf Generationen zukünftiger Forscher haben kann. Jahrhundertelang stand die Herausforderung von Fermat wie eine unbezwingbare Festung da, an deren Wände die Speere zahlreicher Mathematiker abgeprallt waren. Die Zuversicht und die Überzeugung von Wiles für die Lösung eines so einzigartigen Problems hat zweifellos andere Forscher inspiriert, ihre Talente für offene Probleme einzusetzen, die auf den ersten Blick unmöglich zu lösen zu scheinen.

Was sagt Wiles selbst dazu? Die natürliche Reserviertheit des britischen Mathematikers lässt keinen Platz für großartige Erklärungen in dieser Angelegenheit. Dieses Buch kann jedoch nicht beendet werden, ohne seine eigenen Worte nach der endgültigen Annahme seines zweiten Beweises, der Krönung eines lebenslangen Traums:

> „Ich hatte dieses seltene Privileg, in meinem Erwachsenenleben meinen Kindheitstraum fortführen zu können. Ich weiß, dass dies ein seltenes Privileg ist, aber wenn man im Erwachsenenleben etwas schaffen kann, was einem viel bedeutet, dann ist das befriedigender als alles andere, was ich mir vorstellen kann. Ich spüre eine gewisse Traurigkeit, aber gleichzeitig das gute Gefühl, etwas geschafft zu haben. Außerdem fühle ich eine gewisse Freiheit. Ich war von diesem Problem so besessen, dass ich die ganze Zeit darüber nachdachte – wenn ich morgens aufwachte, wenn ich abends zu Bett ging, acht Jahre lang. Das ist eine lange Zeit, um immer über dasselbe nachzudenken. Diese kleine Odyssee ist jetzt vorbei. Mein Geist ruht sich aus."

Anhang

Polygonalzahlen

Eine Polygonalzahl ist eine Zahl, die in Form von Punkten dargestellt werden kann, die in einem regelmäßigen Polygon angeordnet sind, beginnend bei 1. Diese Zahlen haben seit Urzeiten die Aufmerksamkeit der Mathematiker auf sich gezogen. Die Griechen schrieben ihnen magische Eigenschaften zu, im Hinblick auf die Formen, denen sie zugeordnet waren, und Diophant widmete ihrer Erforschung ein Traktat.

Die Dreieckszahlen basieren auf gleichseitigen Dreiecken:

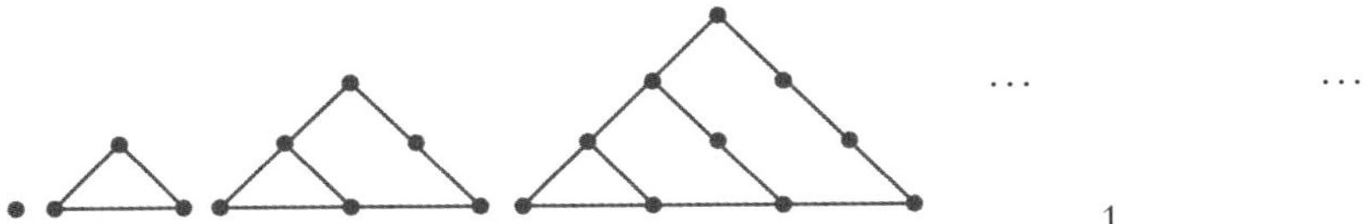

1 3 6 10 … $\frac{1}{2}n\ (n+1)$ …

Man erhält die Folge 1, 3, 6, 10, 15, 21, 28, 36, 45, 55, 66, 78, 91, 105 … nach der neben der Abbildung gezeigten Formel.

Die Quadratzahlen basieren auf regulären Quadrilateral-Quadraten

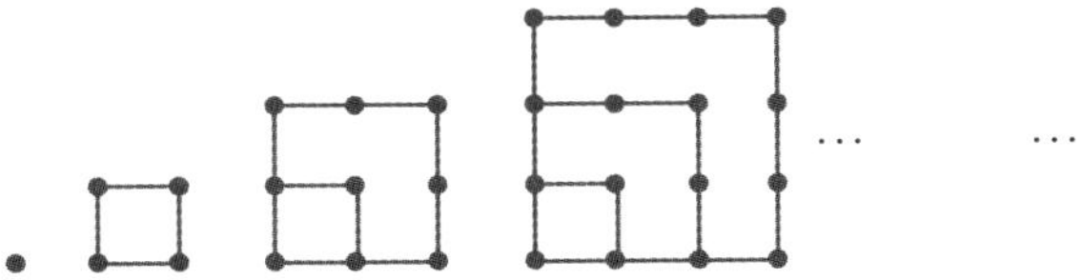

1 4 9 16 … n^2 …

Man erhält die Folge 1, 4, 9, 16, 25, 36, 49, 64, 81, 100, 121, 144, 169, 196, 225 … nach der neben der Abbildung gezeigten Formel n^2.

Die Fünfeckszahlen basieren auf Fünfecken:

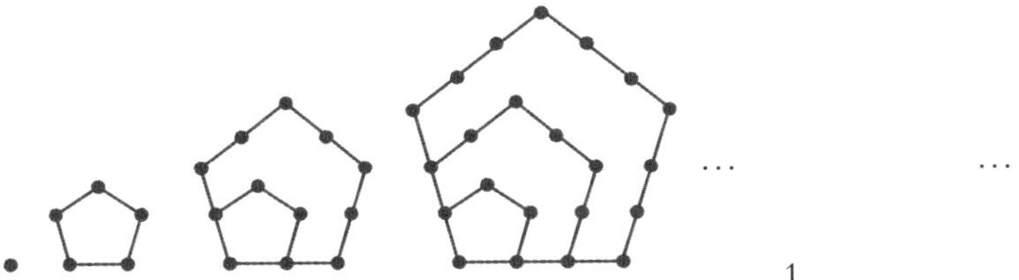

1 5 12 22 … $\frac{1}{2}n\ (3n-1)$ …

Man erhält die Folge 1, 5, 12, 22, 35, 51, 70, 92, 117, 145, 176, 210, 247, 287, 330 … nach der neben der Abbildung gezeigten Formel.

Auf dieselbe Weise erhält man Sechseckszahlen, Siebeneckszahlen usw.

Fermat war der erste, der erkannte, dass alle natürlichen Zahlen als Summe von höchstens drei Dreieckszahlen, vier Quadratzahlen, fünf Fünfeckszahlen usw. dargestellt werden können. Die folgenden Tabellen zeigen dies für Dreiecks- und Fünfeckszahlen.

n	Summe der Dreickszahlen	Summe der Quadratzahlen	Summe der Fünfeckszahlen
1	= 1	$= 1^2$	= 1
2	= 1 + 1	$= 1^2 + 1^2$	= 1 + 1
3	= 3	$= 1^2 + 1^2 + 1^2$	= 1 + 1 + 1
4	= 3 + 1	$= 2^2$	= 1 + 1 + 1 + 1
5	= 3 + 1 + 1	$= 2^2 + 1^2$	= 5
6	= 6	$= 2^2 + 1^2 + 1^2$	= 5 + 1
7	= 6 + 1	$= 2^2 + 1^2 + 1^2 + 1^2$	= 5 + 1 + 1
8	= 6 + 1 + 1	$= 2^2 + 2^2$	= 5 + 1 + 1 + 1
9	= 6 + 3	$= 3^2$	= 5 + 1 + 1 + 1 + 1
10	= 10	$= 3^2 + 1^2$	= 5 + 5
11	= 10 + 1	$= 3^2 + 1^2 + 1^2$	= 5 + 5 + 1
12	= 6 + 6	$= 2^2 + 2^2 + 2^2$	= 12
13	= 10 + 3	$= 3^2 + 2^2$	= 12 + 1
14	= 10 + 3 + 1	$= 3^2 + 2^2 + 1^2$	= 12 + 1 + 1
15	= 15	$= 3^2 + 2^2 + 1^2 + 1^2$	= 5 + 5 + 5
16	= 15 + 1	$= 4^2$	= 5 + 5 + 5 + 1
17	= 10 + 6 + 1	$= 4^2 + 1^2$	= 12 + 5
18	= 15 + 3	$= 3^2 + 3^2$	= 12 + 5 + 1
19	= 10 + 6 + 3	$= 3^2 + 3^2 + 1^2$	= 12 + 5 + 1 + 1
20	= 10 + 10	$= 4^2 + 2^2$	= 5 + 5 + 5 + 5
21	= 21	$= 4^2 + 2^2 + 1^2$	= 5 + 5 + 5 + 5 + 1
22	= 21 + 1	$= 3^2 + 3^2 + 2^2$	= 22
23	= 10 + 10 + 3	$= 3^2 + 3^2 + 2^2 + 1^2$	= 22 + 1
24	= 21 + 3	$= 4^2 + 2^2 + 2^2$	= 12 + 12
25	= 15 + 10	$= 5^2$	= 12 + 12 + 1
26	= 15 + 10 + 1	$= 5^2 + 1^2$	= 12 + 12 + 1 + 1
27	= 21 + 6	$= 5^2 + 1^2 + 1^2$	= 22 + 5
28	= 28	$= 5^2 + 1^2 + 1^2 + 1^2$	= 22 + 5 + 1
29	= 28 + 1	$= 5^2 + 2^2$	= 12 + 12 + 5
30	= 15 + 15	$= 5^2 + 2^2 + 1^2$	= 12 + 12 + 5 + 1

Literaturverzeichnis

ACZEL, A. D., *El último teorema de Fermat*, Mexiko, Fondo de Cultura Económica, 2004. [Spanisches populärwissenschaftliches Buch über den letzten Satz von Fermat.]

JOSEPH, G. G., *The Crest of the Peacock: Non-European Roots of Mathematics*, London & New Yor,: I. B. Tauris, 1991.

MAHONEY, M. S., *The mathematical Career of Pierre de Fermat, 1601–1665*, Princeton, University Press, 1994.

RIBENBOIM, P., *Fermat's Last Theorem for Amateurs*, New York, Springer Verlag, 1999.

SINGH, S., *Fermat's Last Theorem: the Story of a Riddle that Confounded the World's Greatest Minds for 358 Years*, London, Fourth Estate, 1997.

Register